Nouvelle Methode

DE CALCUL,

A L'USAGE

DES ÉCOLES PRIMAIRES DU PREMIER DEGRÉ.

Les formalités voulues par la loi ont été remplies,
tout exemplaire qui ne portera comme ci-dessous la
signature de l'auteur, sera réputé contrefait.

NOUVELLE MÉTHODE

DE CALCUL,

PROMPTE ET FACILE;

CONTENANT

Toutes les opérations de l'arithmétique sur les nombres entiers et les fractions décimales; l'élévaluation des fractions en décimales; terminé par la solution des questions connues sous le nom de règles de trois, d'intérêts, etc.

PRÉCÉDÉE

Par la numération des nombres entiers, des fractions, et la nomenclature des nouvelles mesures avec leur rapport approché avec les mesures anciennes les plus connues;

PAR M. TISSERAND,

ANCIEN ÉLÈVE DE L'ÉCOLE POLYTECHNIQUE, MEMBRE DU CONSEIL DE LA SOCIÉTÉ DES MÉTHODES D'ENSEIGNEMENT, ET DE PLUSIEURS SOCIÉTÉS SAVANTES.

A PARIS,

DUPONT, LIBRAIRE,
RUE DU BOULOI, N° 24, HOTEL DES FERMES;

ET CHEZ LES PRINCIPAUX LIBRAIRES DE PARIS ET DES DÉPARTEMENS.

1829.

Paris, imprimerie de Gaultier-Laguionie.

INTRODUCTION

POUR LES INSTITUTEURS

ET INSTITUTRICES.

Cette nouvelle méthode est divisée en deux parties distinctes, qui doivent être enseignées simultanément. La première partie contient quatre leçons; les trois premières traitent de l'art de compter, d'écrire et d'énoncer tous les nombres entiers et fractionnaires; dans la quatrième on donne la nomenclature des différentes mesures du système métrique, leurs usages, et les rapports qu'elles ont avec les anciennes mesures les plus connues, telles que la toise, le pied, l'aune, etc. La seconde partie contient les quatre opérations de calcul, ou les quatre règles de l'arithmétique, sur les nombres entiers et sur les fractions décimales; elle est divisée en quatorze leçons : l'avant-dernière leçon apprend à évaluer les fractions ou les restes de divisions en fractions décimales. Dans la dernière on donne plusieurs exemples sur les questions connues sous le nom de règles de trois, d'intérêts, etc.

Lorsque l'on commence à faire lire un enfant, on peut en même temps lui apprendre à compter; c'est-à-dire, lui faire connaître les noms des nombres, ainsi que la valeur des chiffres, ce qui fait le sujet de la première leçon de la première partie. Lorsque les enfans pourront lire couramment et qu'ils commenceront l'écriture, on leur fera apprendre la première leçon de calcul en même temps que la deuxième leçon de la première partie, sur l'art d'énoncer et d'écrire les nombres entiers avec les chiffres arabes. La troisième leçon de la première partie, comprenant l'art d'énoncer et d'écrire les fractions ordinaires et décimales, ainsi que les propriétés de ces dernières, devra s'enseigner simultanément avec les troisième, quatrième, cinquième et sixième leçons de calcul. En faisant apprendre aux enfans la table de Pythagore ou de multiplication, comprise dans la septième leçon de la seconde partie, on leur fera connaître les noms et les usages des différentes mesures du système métrique.

Si ce système n'est pas universellement en usage parmi le peuple, c'est qu'iln'est pas généralement enseigné dans toutes les écoles primaires, et que, si on en parle dans quelques-unes, ce n'est que par appendix. Aussi, quand il est question de mètres, de kilogrammes, etc., on demande combien tant de mètres font de toises, de pieds, ou d'aunes, etc., ou bien le nombre de livres, d'onces, etc., contenues dans un certain nombre de kilogrammes ; ce sont autant de questions auxquelles il n'est pas toujours facile de satisfaire, puisque les *toises*, les *pieds*, les *perches*, les *aunes*, les *livres*, etc. sont de différentes grandeurs. On avait en France le pied-de-roy, de Bourgogne, de Lorraine, etc., qui tous avaient douze pouces; mais les pouces n'avaient pas la même longueur.

A côté de la quatrième leçon de la première partie, on a placé un trait dont la longueur est d'un décimètre; en montrant à un enfant une canne dont la longueur sera d'un mètre, on lui dira que la longueur de cette canne est dix fois celle du trait tracé à côté de la page; que celle-ci se nomme *décimètre*, et celle de la canne *mètre*; que le double mètre se nomme *toise*; le tiers du mètre s'appelle *pied*; enfin qu'une mesure de douze décimètres se nomme *aune*. Par cette méthode un enfant aura des idées exactes sur les mesures du système métrique avant d'en avoir sur les anciennes mesures; et si, par la suite, on lui parle de toises, de perches, etc., de différentes grandeurs, il en cherchera les rapports avec le mètre, qui sera pour lui sa mesure universelle, et qui devrait déjà être celle du monde entier.

On a multiplié les exemples de calcul, et

on a évité les raisonnemens métaphysiques en les réservant pour le traité d'arithmétique qui fera partie de la seconde section. L'instituteur est invité d'écrire ou de faire écrire tous les exemples de calculs sur une ardoise, en les faisant effectuer aux enfans comme cela se pratique dans les écoles mutuelles et autres.

Mon ambition sera satisfaite si ce petit ouvrage peut intéresser les instituteurs, les institutrices, instruire les enfans en les amusant, et leur épargner beaucoup de peines et d'ennuis, pour acquérir souvent des connaissances fausses, qu'ils sont obligés d'oublier par la suite.

Nouvelle Méthode
DE CALCUL,

A L'USAGE

DES ÉCOLES PRIMAIRES DU PREMIER DEGRÉ.

PREMIÈRE PARTIE.

PREMIÈRE LEÇON.

L'art de compter ou de nommer les nombres.

NOMS DES NOMBRES.	Chiffres ARABES.	CHIFFRES ROMAINS.
Un..........................	1	I
Deux........................	2	II
Trois.......................	3	III
Quatre......................	4	IIII ou IV
Cinq........................	5	V
Six.........................	6	VI
Sept........................	7	VII
Huit........................	8	VIII
Neuf........................	9	IX
Dix.........................	10	X
Onze........................	11	XI
Douze.......................	12	XII
Treize......................	13	XIII

NOMS DES NOMBRES.	Chiffres ARABES.	CHIFFRES ROMAINS.
Quatorze	14	XIV
Quinze	15	XV
Seize	16	XVI
Dix-sept	17	XVII
Dix-huit	18	XVIII
Dix-neuf	19	XIX
Vingt	20	XX
Vingt-un	21	XXI
Vingt-deux	22	XXII
Vingt-trois	23	XXIII
Vingt-quatre	24	XXIV
Vingt-cinq	25	XXV
Vingt-six	26	XXVI
Vingt-sept	27	XXVII
Vingt-huit	28	XXVIII
Vingt-neuf	29	XXIX
Trente	30	XXX
Quarante	40	XXXX ou XL
Cinquante	50	L
Soixante	60	LX
Soixante-dix ou Septante	70	LXX
Quatre-Vingts ou Octante	80	LXXX
Quatre-vingt-dix ou Nonante	90	XC
Cent	100	C
Deux cents	200	CC
Trois cents	300	CCC
Quatre cents	400	CCCC ou CD
Cinq cents	500	D
Six cents	600	DC
Sept cents	700	DCC
Huit cents	800	DCCC
Neuf cents	900	DCCCC ou CM
Dix cents ou mille	1000	M

On nomme *chiffres*, les caractères ou les lettres qui servent à écrire les nombres, il y a des chiffres arabes et des chiffres ro-mains.

Les chiffres arabes sont au nombre de dix:

0, 1, 2, 3, 4, 5, 6, 7, 8, 9.
zéro, un, deux, trois, quatre, cinq, six, sept, huit, neuf.

Le premier chiffre *zéro*, seul, n'exprime aucun nombre; mais, placé à la gauche des autres chiffres, il leur fait exprimer des uni-tés dix fois plus fortes. Ainsi 30, ou le chif-fre *trois* suivi du chiffre *zéro*, indique trois fois dix.

Il faut dix fois dix ou dix *dizaines*, pour faire cent ou une *centaine*; dix centaines font un mille.

Il faut mille fois mille, pour faire un *mil-lion*; mille millions font un *billion* ou un *milliard*, mille billions font un *trillion*, mille trillions font un *quatrillion*, etc.

Dans les noms de nombre, on passe d'une dizaine à une autre, en lui ajoutant succes-sivement les neuf unités; ainsi pour passer de trente à quarante on dira, *trente et un*, *trente-deux*, etc., jusqu'à trente-neuf. Il en sera de même pour passer de quarante à cinquante, de cinquante à soixante, de soixante à soixante-dix, etc.

Les chiffres romains n'étant employés que pour indiquer les numéros de chapitre ou de leçon, l'instituteur pourra, sans inconvénient les passer, sauf à y revenir par la suite s'il le juge à propos.

DEUXIÈME LEÇON.

De la numération des nombres entiers, ou l'art d'écrire et d'énoncer ces nombres.

La règle générale pour écrire les nombres avec les chiffres arabes, consiste à placer un chiffre d'un rang plus avancé vers la gauche, lorsqu'il doit marquer des unités dix fois plus fortes, et d'indiquer ce rang par des zéros, lorsque les unités d'ordres inférieurs manquent. Ainsi, le chiffre qui marque les unités s'écrit au premier rang; celui qui marque les dizaines, au second rang; celui qui marque des centaines, au troisième rang ; les mille au quatrième, les dizaines de mille au cinquième, les centaines de mille au sixième, et les millions au septième, ainsi de suite.

EXEMPLE. 1° Ecrire quatre cent trente-huit : ce nombre s'écrit ainsi 438 ; le chiffre 8 au rang des unités, le 3 au rang des dizaines, et le 4 à celui des centaines.

2° Ecrire huit cent : on écrit ainsi 800, en plaçant deux zéros à la droite du 8 pour marquer qu'il est au rang des centaines.

3° Ecrire quarante mille trente unités : ce nombre s'écrit de cette manière, 40030 ; on a placé deux zéros entre le 4 et le 3 pour remplacer les mille et les centaines qui manquent, et un zéro à la droite du 3 pour indiquer qu'il est au rang des dizaines.

4° Ecrire quatre-vingt-sept millions : *réponse*, 87000000 ; on écrit d'abord 87 unités que l'on fait suivre de six zéros, trois pour remplacer les centaines, les dizaines et les unités de mille, et les trois derniers pour remplacer les centaines, les dizaines et les unités.

5° Ecrire vingt - neuf trillions cinq cent

neuf billions trois cent soixante-huit mille quarante unités.

Réponse : 29.509.000.368.040. Le zéro entre le chiffre 5 et le chiffre 9 tient lieu des dizaines de millions, les trois zéros qui suivent le 9 remplacent les centaines, dizaines et unités de millions; celui entre le 8 et le 4 tient lieu des centaines d'unités; enfin le dernier est au rang des unités du premier ordre.

Si on oubliait un zéro, tous les chiffres à gauche marqueraient des nombres dix fois plus petits, et les chiffres à droite ne changeraient pas de valeur. Un zéro écrit à la droite d'un nombre le rend dix fois plus grand.

Pour énoncer un nombre écrit dans le discours, on le partage en tranches de trois chiffres en allant de droite à gauche; la première tranche est celle des unités, la seconde celle des mille, la troisième celle des millions, etc.; la dernière tranche vers la gauche pourra contenir moins de trois chiffres.

Exemples. 1° Enoncez le nombre

4 587 638.   Après l'avoir partagé en

millions mille   unités

tranches, on commence par celle de millions en énonçant de gauche à droite chaque tranche comme si elle était seule, en disant, quâtre millions cinq cent quatre-vingt-sept mille six cent trente-huit unités.

2° On demande d'énoncer le nombre

58 409 038 000.

billions millions mille   unités

Réponse : 58 billions 409 millions trente-huit mille unités.

3° Enoncez le nombre

560   000   008   030   005   007.

quatrillions trillions billions millions mille   unités

Réponse : 560 quatrillions 8 billions 30 millions 5 mille 7 unités.

On pourra exercer les enfans sur les nombres suivans ou d'autres, 1° 47.589.364, 2° 608.436.921.004; 3° 7.000.000.000 (1).

____

(1) Les chiffres 1°, 2°, 3°, etc., que l'on met au commencement de chaque exemple, indiquent les numéros et se nomment, *primo, secundo, tertio*, etc., ou *premier, second, troisième*, etc.

TROISIÈME LEÇON.

Numération des fractions ordinaires et décimales ; propriétés de ces dernières.

On nomme *fractions*, des parties égales plus petites que l'unité.

Par exemple, si on partage un gâteau par le milieu, chaque partie sera une fraction du gâteau. Au lieu de le partager en deux, on pourrait le partager en trois, quatre, cinq, six, etc. parties égales ; en général en autant de parties égales que l'on voudra. Si on le partage en trois, une ou deux de ces parties formant une quantité plus petite que le gâteau, sera une fraction ; s'il était partagé en quatre, une, deux et même trois de ces parties ne formeraient qu'une fraction du gâteau.

Si on partage deux ou même un plus grand nombre d'unités, en parties égales, par exemple, en six parties ; que l'on prenne cinq portions sur la première, quatre sur la seconde, quatre sur la troisième, on aura treize portions dont chacune sera six fois plus petite que l'unité. Or, six portions font une unité ; on aura donc deux unités plus une portion. Le nombre qui contient une ou plusieurs unités avec une fraction, se nomme *nombre fractionnaire.*

Pour écrire une fraction, ou un nombre fractionnaire, on se sert de deux nombres, l'un qui marque en combien de parties l'unité a été divisée, il se nomme *dénominateur;* l'autre qui marque combien on a pris de ces parties, il se nomme *numérateur ;* on écrit le numérateur au-dessus du dénominateur en les séparant par un trait. Ainsi, si un gâteau a été partagé en quatre parties égales, et que l'on en prenne trois, on écrira cette fraction de cette manière, $\frac{3}{4}$. Pour énoncer une fraction ou un nombre fractionnaire dans le discours, on énonce le numérateur, ensuite le dénominateur, en donnant à ce dernier la terminaison *ième;* excepté les fractions dont les dénominateurs sont 2, 3, ou 4; on les nomme *demi, tiers,* ou *quart.* Ainsi la fraction $\frac{3}{4}$ s'énonce trois quarts, et la fraction $\frac{5}{6}$ s'énoncerait *cinq sixièmes.* Le dénominateur six de cette fraction marque que l'unité a été partagée en six parties égales, et le numérateur cinq que l'on a pris cinq portions.

EXEMPLES. Énoncez les fractions suivantes :

$$\frac{2}{3}, \quad \frac{4}{7}, \quad \frac{3}{10}, \quad \frac{37}{100}, \quad \frac{49}{624}.$$

Réponse : Deux tiers, quatre septièmes, trois dixièmes, trente-sept centièmes, quarante-neuf six cent vingt-quatrièmes.

Les fractions $\frac{3}{10}$ et $\frac{37}{100}$, en général toutes les fractions dont le dénominateur est suivi d'un nombre quelconque de zéros, se nomment *fractions décimales* ou simplement *décimales* ; elles s'écrivent et s'énoncent comme les nombres entiers. On écrira $\frac{3}{10}$ ainsi 0,3 et $\frac{37}{100}$ s'écrira de cette manière 0,37, en plaçant un zéro pour indiquer le rang de l'entier, et une virgule pour le séparer de la fraction décimale. Pour écrire les nombres fractionnaires décimaux, on commence par écrire le nombre entier en plaçant une virgule à la droite du chiffre des unités, pour séparer le nombre entier de la fraction ; au premier rang à droite de la virgule on écrit les dixièmes, à la droite des dixièmes on écrit les centièmes, à la droite des centièmes les millièmes, ainsi de suite en reculant d'un rang vers la droite le chiffre qui doit marquer une décimale dix fois plus petite.

EXEMPLES. 1° Ecrivez 48 unités 3 dixièmes 5 centièmes 6 millièmes, ou 356 millièmes.

Réponse. On écrit ce nombre ainsi :
48,356.

2° Ecrire 6 millions 3 mille 9 unités 69 millièmes 7 dix-millièmes.

Réponse. Ce nombre s'écrit de cette manière : 6003009, 0697. On a placé un zéro à la droite de la virgule pour tenir lieu des dixièmes.

3° Ecrire le nombre 806 millièmes 530 millionièmes.

Réponse. Ce nombre s'écrit ainsi :
0, 806530 Le zéro entre le chiffre 8 et le chiffre 6 tient lieu des centièmes, et le dernier à la droite du 3 est au rang des millionièmes. Il peut être supprimé sans que le nombre change de valeur; ainsi 0, 80653 a la même valeur que 0, 806530.

En général un nombre qui contient des décimales ne change pas de valeur en écrivant à la droite ou à la gauche des zéros. Par exemple, le nombre 47,5 a la même valeur

que les suivans , 1° 47,5o, 2° 47,5oo, 3°
o47,5o.

Si on change de place la virgule en la
transportant à droite ou à gauche, on rend
le nombre plus grand ou plus petit; en la
transportant d'un rang vers la droite , le
nombre devient dix fois plus grand. Par
exemple, si l'on place la virgule du nombre
23,564 entre le 5 et le 6, on aura 235,64,
nombre dix fois plus grand que le précé-
dent ; en avançant la virgule d'un rang vers
la gauche, on aura 2,3564, nombre dix fois
plus petit que 23,564.

Les nombres qui contiennent des fractions décimales jouissent de trois propriétés
principales. 1° On peut les énoncer comme
des nombres entiers en donnant au nombre
le nom de la dernière décimale ; 2° on ne
change pas la valeur d'un nombre qui contient des décimales en écrivant ou supprimant sur la droite un ou plusieurs zéros ;
3° on rend un nombre qui contient des décimales de dix en dix fois plus grand ou de
dix en dix fois plus petit, en transportant la
virgule vers la droite ou vers la gauche.

Pour énoncer un nombre qui contient

des fractions décimales, on le partage à partir de la virgule, en tranches de trois chiffres à gauche et à droite. Si la dernière tranche vers la droite contient moins de trois chiffres, on la complète par un ou deux zéros. La première tranche à la droite de la virgule est celle des millièmes, la seconde celle des millionièmes, la troisième celle des billionièmes, etc. On commence par énoncer le nombre entier, ensuite on énonce chaque tranche décimale comme si elle était seule, en allant de gauche à droite.

EXEMPLES. 1° Enoncer le nombre

4.837, 529.300.

Réponse. Quatre mille huit cent trente-sept unités, cinq cent vingt-neuf millièmes trois cents millionièmes.

2° 0 024.500. Pour énoncer ce nombre, on le partage d'abord en deux tranches de trois chiffres, en complétant la seconde par deux zéros, on aura 24 millièmes cinq cents millionièmes.

3° Enoncer le nombre suivant :

30.000, 509.043.638.

Réponse. Trente mille unités, 509 millièmes 43 millionièmes 638 billionièmes.

2.

QUATRIÈME LEÇON.

Nomenclature des mesures et leurs rapports.

Mesurer une quantité, c'est chercher combien cette quantité en contient une autre de même espèce prise pour *unité* ou terme de comparaison. Par exemple, si la longueur d'une chambre contient 60 fois celle du trait ci-contre nommé *décimètre*, la chambre aura pour longueur 60 décimètres; si au lieu du décimètre pour unité on eût pris une mesure dix fois plus grande nommée *mètre*, alors la même longueur serait exprimée par six mètres. En comptant une somme d'argent, on prend ordinairement pour unité le *franc*, et une somme de 40 francs vaut 40 fois l'unité; on pourrait comparer cette somme à la *pistole* qui vaut dix francs, alors au lieu de 40 francs on aurait 4 pistoles.

Des mesures de longueur ou linéaires.

On se sert pour les longueurs ou les distances, du *mètre*, dont le double se nomme *toise*, et le tiers *pied*; une mesure de douze *décimètres* se nomme *aune* : elle sert à mesurer la longueur des pièces de toile ou de drap. Pour avoir des mesures de dix en dix fois plus petites que l'unité principale, on emploie les mots : *deci, centi, milli*, qui signifient *dixième, centième, millième*. Ainsi un déci-mètre est la dixième partie du mètre, un centi-mètre, la centième partie, un milli-mètre, la millième partie. Pour obtenir des mesures de dix en dix fois plus grandes, on se sert des mots *deca, hecto, kilo, myria*, qui signifient *dix, cent, mille, dix mille*. Ainsi un *déca-mètre* vaut dix mètres, un *hecto-mètre*, cent mètres; un *kilo-mètre*, mille mètres et un *myria-mètre*, dix mille mètres. Le décamètre, ainsi que son double, forment la *perche* ou la *chaîne d'arpenteur* (on nomme arpenteur celui qui mesure les champs ou les propriétés territoriales). Le kilomètre sert à mesurer la distance d'un lieu à un autre; une mesure de quatre kilomètres se nomme *lieue;* une mesure de huit kilomètres se nomme *poste.* Le myriamètre sert aussi à mesurer la distance entre deux lieux.

Des mesures de superficies ou agraires.

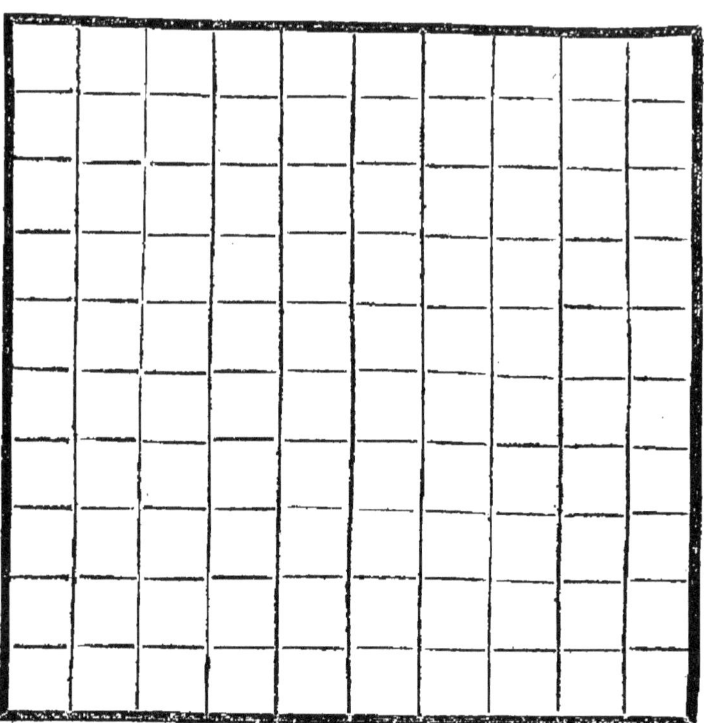

Les surfaces se mesurent avec des carrés, un *carré* est une figure de quatre côtés, comme ci-dessus, dont les côtés sont égaux et les *coins* ou les *angles,* droits. L'unité qui sert à mesurer les surfaces, se nomme *are,*

c'est un carré dont le côté est un *déca-mètre*;
il contient cent carrés d'un mètre; comme on
peut l'apercevoir par la figure, dont chaque
côté estsupposé contenir dix mètres Le *déciare*
n'est pas employé ; mais le *centiare* ou *mètre
carré* a le même usage que l'are, et sert en
outre avec les *décimètre* et *centimètre carrés*
à mesurer les petites surfaces, comme celle
d'une chambre, d'un salon, etc.

Le *déc-are* n'a pas d'usage ; mais l'*hectare*
ou l'*hectomètre carré* est très en usage pour
mesurer les grandes superficies, on le nomme
aussi *arpent métrique*. On se sert aussi pour
les grandes surfaces, du *kilomètre carré*. Il
contient cent hectares.

Des mesures de volume et de capacité.

On mesure les volumes et les capacités
avec des cubes. Un *cube* a la figure d'un dé
à jouer; c'est un corps terminé par six carrés ayant le même côté. Le *mètre cube* se
nomme *stère*, lorsqu'il est employé à mesurer le bois de chauffage; les bûches doivent
avoir un mètre de longueur, la pile un mètre de large et un mètre de hauteur.

Pour mesurer les contenances ou les capacités on se sert du *décimètre cubique* nommé *litre*; le litre, dont la forme est celle d'un cube a un décimètre de long, un décimètre de large et un décimètre de profond : il y a des bouteilles qui contiennent un litre; celles dont on se sert ordinairement à table contiennent les trois *quarts* d'un litre. Le *décilitre*, le *centi-litre*, ont les mêmes usages que le litre. Le *décalitre*, ainsi que son double, sont employés principalement à mesurer les grains, comme *froment*, *seigle*, etc. L'*hecto-litre* est d'un usage universel pour toutes substances sèches ou liquides. Lorsque l'on emploie les fractions de l'hectolitre pour les grains, le quart se nomme *double boisseau*, le huitième *boisseau*, le seizième, demi *bois-seau*, etc. Le *kilo-litre*, dont la capacité est celle d'un *mètre cube*, sert principalement à mesurer le charbon. Le *myria-litre* n'est point en usage.

Des mesures pour le poids.

Le poids d'un *milli-litre* d'eau pure ou *dis-tillée* à l'instant de devenir glace, se nomme *gramme*. Un *milli-litre* a pour capacité un *centi-mètre cubique*. Le litre d'eau pèse un *kilo-gramme* ou une *livre métrique*. Le demi kilogramme se nomme *livre*, son quart, *marc;* son trente-deuxième, *once;* le *myriagramme* ainsi que le *quintal métrique* ou *cent kilogrammes*, sont employés pour les substances dont le poids est considérable.

L'*hectogramme*, le *décagramme*, ont les mêmes usages que le kilogramme; le gramme, le déci-gramme, le centi-gramme et milligramme sont employés par les *chimistes*, les *pharmaciens*, les *orfèvres* qui ont besoin de poids très petits.

De la monnaie.

L'unité monétaire est le *franc*, c'est une pièce d'argent pesant *cinq grammes* alliés d'un *dixième* de cuivre; c'est-à-dire qu'un franc contient cinq décigrammes de cuivre et 45 décigrammes d'argent. Il y a exception pour les divisions *inférieures* du franc; on nomme *décime* le dixième d'un franc et *centime* le centième d'un franc. Les divisions supérieures ne sont pas en usage.

3

DEUXIÈME PARTIE.

LEÇONS DE CALCUL.

PREMIÈRE LEÇON.

L'addition des nombres entiers d'un et de deux chiffres.

L'addition consiste à réunir plusieurs nombres en un seul. Le résultat de l'opération se nomme somme ou total. EXEMPLE : Maman m'a donné 5 pommes, mon frère 4 et ma sœur 3, quel est le nombre total des pommes. *Réponse* : 5 pommes de maman, 4 pommes de mon frère font 9 pommes, et 3 pommes de ma sœur font en tout 12 pommes. Pour obtenir le total des douze pommes, on fera opérer l'enfant de la manière suivante en lui faisant mettre cinq pommes dans un panier, ensuite quatre l'une après l'autre, en le faisant compter, cinq et un font six, et un font sept, et un font huit, et un font neuf; on lui fera ajouter à ces neuf de la même manière les trois dernières pommes.

Avant de passer à des additions plus compliquées, on fera apprendre aux enfans le total d'un nombre d'un seul chiffre avec un nombre d'un et de deux chiffres.

Table de l'addition des nombres d'un seul chiffre avec quelques nombres de deux.

1 et 10 font 11.   9 et 20 font 29.
2 et 11 font 13.   8 et 22 font 30.
3 et 12 font 15.   7 et 25 font 32.
4 et 13 font 17.   6 et 26 font 32.
5 et 14 font 19.   5 et 28 font 33.
6 et 15 font 21.   4 et 29 font 33.
7 et 16 font 23.   3 et 31 font 34.
8 et 17 font 25.   2 et 32 font 34.
9 et 18 font 27.   1 et 34 font 35.
_______________   _______________
1 et 50 font 51.   1 et 80 font 81.
2 et 52 font 54.   2 et 82 font 84.
3 et 53 font 56.   3 et 83 font 86.
4 et 57 font 61.   4 et 84 font 88.
5 et 63 font 68.   5 et 85 font 90.

6 et 64 font 70.   6 et 86 font 92.
7 et 65 font 72.   7 et 87 font 94.
8 et 67 font 75.   8 et 88 font 96.
9 et 69 font 78.   9 et 89 font 98.

Deuxième exemple. Un enfant a reçu de son père pendant tous les jours de la semaine, pour récompense, 1° 35 centimes; 2° 30 centimes; 3° 25 centimes; 4° 20 centimes; 5° 15 centimes; 6° 10 centimes; 7° 5 centimes : on demande le total? Pour l'obtenir on dispose les nombres les uns au-dessus des autres en faisant correspondre dans une même colonne, les unités du même ordre :

$$35 \text{ centimes.}$$
$$30$$
$$25$$
$$20$$
$$15$$
$$10$$
$$5$$

Total 140 centimes.

Commençant l'addition par la colonne des centimes, on opère ainsi : 5 et 5 font 10, et 5 font 15, et 5 font 20; on pose *zéro* sous

la colonne des centimes, en retenant 2 décimes ou deux dizaines de centimes, pour les
réunir à la seconde colonne, et on dit 2 de
retenue et 3 font 5, et 3 font 8, et 2 font 10,
et 2 font 12, et 1 font 13, et 1 font 14; on
pose 4 et on avance 1 : la somme totale est
de 140 centimes ou 1 franc 40 centimes.

DEUXIÈME LEÇON.

*De l'addition des nombres entiers, d'un nom-
bre quelconque de chiffres.*

Pour additionner plusieurs nombres entiers, on les écrit les uns au-dessous des autres, en ayant soin de faire correspondre
dans une même colonne les unités de même
ordre; c'est-à-dire, les unités sous les unités,
les dizaines sous les dizaines, les centaines
sous les centaines, etc. On commence par
la colonne des unités, et si la somme ne dépasse pas 9, on l'écrit sous cette colonne;
mais si elle dépasse 9, on écrit l'excédant
des dizaines, et pour chaque dizaine on re-

tient une unité que l'on réunit à la colonne
suivante, sur laquelle on opère de la même
manière; arrivé à la dernière colonne on
écrit la somme telle qu'on la trouve.

PREMIER EXEMPLE. Papa a reçu pendant le
mois de janvier les sommes suivantes : 1°
3o48 francs, 2° 869 francs, 3° 4837 francs,
4° 728 francs, 5° 639 francs : on demande
la somme totale. Pour faire cette addition ,
on dispose ainsi les sommes partielles :

$$3o48 \text{ francs}$$
$$869$$
$$4837$$
$$728$$
$$639$$
$$10121$$
$$324$$

En commençant par les unités, on dit 8
et 9 font 17, et 7 font 24, et 8 font 32, et 9
font 41; on pose 1 sous la colonne des unités et 4 dizaines sous celle des dizaines, en
laissant un intervalle pour placer le chiffre
des dizaines provenant de la somme de cette
colonne, sur laquelle on opère ainsi : 4 de

retenue et 4 font 8 , et 6 font 14, et 3 font 17, et 2 font 19, et 3 font 22 : on pose 2 sous la colonne des dizaines en retenant 2 que l'on ajoute à celle des centaines de cette manière, 2 et 8 font 10, et 8 font 18, et 7 font 25, et·6 font 31 ; en posant 1 sous la colonne des centaines on retient 3 pour ajouter à celle des mille, en disant 3 et 3 font 6, et 4 font 10 ; on pose zéro sous les mille et on avance l'unité. La somme totale est de 10121 francs.

On peut faire la preuve de cette addition en additionnant chaque colonne de bas en haut, après avoir additionné de haut en bas; pour la colonne des unités on dirait 9 et 8 font 17, et 7 font 24, et 9 font 33, et 8 font 41. On fait ordinairement la preuve de l'addition en commençant par la colonne des unités de l'ordre le plus grand. Dans l'exemple ci-dessus on commencera par la colonne des mille, en disant 3 et 4 font 7, et les 3 mille de retenue sur les centaines font 10 ; en passant à la colonne des centaines, on dira 8 et 8 font 16, et 7 font 23, et 6 font 29, qui réuni aux 2 centaines provenant des dizaines font 31 centaines; la colonne des dizaines donne 18 dizaines qui réunies aux 4 dizaines provenant des unités donne 22 dizaines.

On pourra exercer les élèves sur les exemples suivans ou d'autres semblables.

	2°	4839		3°	30048
		2068			28725
		467			19347
		531			26231
Total		7905			4867
		122			109218
					2222

TROISIÈME LEÇON.

De l'addition des nombres qui contiennent des fractions décimales.

L'addition des nombres qui contiennent des fractions décimales se fait de la même manière que celle des nombres entiers, en commençant par la colonne des unités de la plus petite espèce.

PREMIER EXEMPLE. On a dépensé pendant cette semaine les sommes suivantes 1° 48 fr. 75 cent., 2° 36 fr. 40 cent., 3° 40 fr. 55 cent. 4° 0 franc 95 c., 5° 9 fr. 05 c., 6° 8 fr. 34 c., 7° 5 fr. 46 c., on demande la somme totale de la dépense. On dispose cette opération ainsi :

$$
\begin{array}{r}
\text{fr.} \quad \text{c.} \\
48,75 \\
36,40 \\
40,55 \\
0,95 \\
9,05 \\
8,34 \\
5,46 \\
\hline
\end{array}
$$

Somme totale   149,50
                33,3

En commençant par la colonne des centimes on dit, 5 et 5 font 10, et 5 font 15, et 5 font 20, et 4 font 24, et 6 font 30 ; on pose *zéro*, et on ajoute 3 à la colonne des décimes, en disant 3 et 7 font 10, et 4 font 14, et 5 font 19, et 9 font 28, et 3 font 31, et 4 font 35; on pose 5 décimes en retenant 3 francs pour ajouter à la colonne des francs sur laquelle on opère de la même manière que sur les précédentes.

Pour faire la preuve de l'addition précédente, on commence par additionner la colonne des dizaines, et on dit : 4 et 3 font 7, et 4 font 11, plus 3 de retenue sur la colonne des unités font 14. L'addition de la colonne des unités donne 36 qui joint aux 3 unités provenant de la retenue faite sur la colonne des dixièmes donne 39. La colonne des dixièmes ou décimes donne 32, qui joint aux 3 décimes provenant de la colonne des centimes font 35 ; enfin en additionnant de bas en haut la colonne des centimes on trouve comme dans le premier cas 30 centimes.

On pourra exercer les enfans sur les exemples suivans ou d'autres semblables.

2°		3°	
628,	4875	0,	835
369,	4250	0,	625
632,	5125	0,	436
237,	4750	0,	239
83,	9500	0,	850
1951,	8500	2,	985
232,	221		12

QUATRIÈME LEÇON.

Soustraction des nombres d'un seul et de deux chiffres. Table de la soustraction.

La soustraction est la seconde règle de calcul, qui a pour but d'obtenir la différence entre deux nombres ; le résultat de l'opération se nomme *excès, reste* ou *différence.*

PREMIER EXEMPLE. Maman m'a promis 9 gâteaux, j'en ai déjà reçu 5 ; combien m'en revient-il ? *Réponse.* La différence entre 5 et 9 est de 4 : donc il me revient encore 4 gâteaux.

Il faut que les enfans connaissent toutes les différences qui existent entre les dix-huit premiers nombres compris dans la table suivante.

TABLE DE SOUSTRACTION.

1 ôté de 1, il reste 0			3 ôté de 6, il reste 3		
1 de 2	1		3 de 7	4	
1 de 3	2		3 de 8	5	
1 de 4	3		3 de 9	6	
1 de 5	4		3 de 10	7	
1 de 6	5		3 de 11	8	
1 de 7	6		3 de 12	9	
1 de 8	7		4 de 4	0	
1 de 9	8		4 de 5	1	
1 de 10	9		4 de 6	2	
2 de 2	0		4 de 7	3	
2 de 3	1		4 de 8	4	
2 de 4	2		4 de 9	5	
2 de 5	3		4 de 10	6	
2 de 6	4		4 de 11	7	
2 de 7	5		4 de 12	8	
2 de 8	6		4 de 13	9	
2 de 9	7		5 de 5	0	
2 de 10	8		5 de 6	1	
2 de 11	9		5 de 7	2	
3 de 3	0		5 de 8	3	
3 de 4	1		5 de 9	4	
3 de 5	2		5 de 10	5	

5 ôté de 11, il reste 6			7 ôté de 15, il reste 8		
5	de 12	7	7	de 16	9
5	de 13	8			
5	de 14	9	8	de 8	0
			8	de 9	1
6	de 6	0	8	de 10	2
6	de 7	1	8	de 11	3
6	de 8	2	8	de 12	4
6	de 9	3	8	de 13	5
6	de 10	4	8	de 14	6
6	de 11	5	8	de 15	7
6	de 12	6	8	de 16	8
6	de 13	7	8	de 17	9
6	de 14	8			
6	de 15	9	9	de 9	0
			9	de 10	1
7	de 7	0	9	de 11	2
7	de 8	1	9	de 12	3
7	de 9	2	9	de 13	4
7	de 10	3	9	de 14	5
7	de 11	4	9	de 15	6
7	de 12	5	9	de 16	7
7	de 13	6	9	de 17	8
7	de 14	7	9	de 18	9

DEUXIÈME EXEMPLE. Pierre devait à Paul 19 francs; Paul a reçu 9 francs : combien Pierre redoit-il?

R. On dispose l'opération ainsi :

$$19$$
$$\underline{9}$$

Reste   10 francs.

On dit 9 ôté de 9 ou pour plus de simplicité, 9 de 9, il reste zéro, que l'on écrit sous la colonne des unités; en passant aux dizaines, on dit zéro de 1 il reste 1, que l'on écrit au rang des dizaines, et on a pour reste 10 francs. Donc Pierre doit payer à Paul 10 francs pour s'acquitter entièrement.

TROISIÈME EXEMPLE. Un marchand de toile me devait livrer 30 mètres, j'en ai reçu 8, combien m'en est-il redu?

$$30 \text{ mètres.}$$
$$\underline{8}$$
$$22 \text{ mètres.}$$

Réponse. Après avoir disposé l'opération comme ci-dessus, on dit 8 de zéro, cela ne se peut; on ajoute dix unités au zéro, et on dit 8 de 10, il reste 2 que j'écris sous la colonne des unités, et je retiens une dizaine que je retranche de 3, en disant 1 de 3 il reste 2; donc le marchand me doit encore livrer 22 mètres.

Troisième exemple. Un propriétaire a vendu 57 litres de vin, il en a déjà livré 29 litres, combien lui en reste-il à livrer ?

57 litres.

29

———

28 litres.

Réponse. En commençant la soustraction par la colonne des unités, on dit 9 de 7, cela ne se peut, j'ajoute dix unités à 7, en disant 9 de 17 reste 8, je retiens une dizaine que j'ajoute au chiffre 2, en disant 2 et 1 font 3, qui ôté de 5 il reste 2 que j'écris sous la colonne des dizaines. Il reste encore 28 litres à livrer, qui réunis aux 29 premiers, font le total 57.

CINQUIÈME LEÇON.

Soustraction de deux nombres entiers d'un nombre quelconque de chiffres.

Pour soustraire un nombre d'un autre, on écrit le plus grand, et au-dessous le plus petit, en faisant correspondre dans une même

colonne les unités du même ordre; on souligne pour séparer le plus petit nombre du
reste, ensuite on commence la soustraction
par la colonne des unités.

PREMIER EXEMPLE. On devait à papa
5247 francs, on lui a payé 3437 francs;
combien lui redoit-on?

5247 francs.
3437

Reste 1810 francs.

Preuve 5247 francs.

Réponse. Après avoir disposé l'opération
comme ci-dessus, on dit 7 de 7, reste 0,
que j'écris sous la colonne des unités; en
passant à la colonne des dizaines, je dis 3
de 4 reste 1, que j'écris sous les dizaines;
arrivé aux centaines on dit, 4 de 2 ne peut;
j'ajoute dix centaines à 2, et je dis 4 de 12,
il reste 8, que j'écris sous la colonne des
centaines; en passant à celle des mille on
ajoute une unité au 3, afin de ne pas changer la différence des deux nombres, et on a
3 et 1 font 4, qui ôté de 5, il reste 1 mille.
Donc il ser

La preuve de la soustraction se fait par l'addition. Le nombre supérieur 5247 a deux parties, celle que l'on a ôtée 3437, et celle qui reste 1810; ces deux parties réunies doivent faire la somme 5247 fr.

DEUXIÈME EXEMPLE. Un vigneron a récolté l'an dernier 6000 litres de vin, et cette année 4803 litres : quelle est la différence entre la première et la seconde récolte?

$$
\begin{array}{r}
6000 \text{ litres.} \\
4803 \\
\hline
\end{array}
$$

Différence $\quad$ 1197 litres.

6000 litres.

Réponse. En commençant par la colonne des unités, on dit 3 de 10, il reste 7, et je retiens 1, que je porte au chiffre inférieur de la colonne des dizaines, en disant 0 et 1 font 1 qui ôté de 10, il reste 9; passant à la colonne des centaines, on dit 1 et 8 font 9, qui ôté de 10, il reste 1 ; enfin arrivé à la colonne des mille, on ajoute 1 à 4, on obtient 5, qui ôté de 6 donne pour reste 1.

La dernière récolte diffère de la première de 1197 litres.

(42)

Lorsque l'on effectue une soustraction, et que le chiffre inférieur est plus petit que son correspondant supérieur, on augmente le chiffre supérieur de dix unités, et en passant à la colonne suivante on augmente d'une unité le chiffre inférieur : la différence des deux nombres n'a pas changé, puisqu'ils ont été augmentés du même nombre.

Voici plusieurs exemples sur lesquels on pourra exercer les enfans.

	3°	3836		4°	20237
		2432			9849
Reste		1404	Reste		10388
Preuve		3836	Preuve		20237

	5°	100000
		86734
Reste		13266
Preuve		100000

SIXIÈME LEÇON.

Soustraction des nombres qui contiennent des fractions décimales.

On fait la soustraction des nombres décimaux de la même manière que celle des nombres entiers, en commençant par la colonne des parties les plus petites.

Ier EXEMPLE. Maman m'a donné 2 francs 75 centimes, j'ai dépensé 1 fr. 25 c.; combien me reste-t-il ?

$$
\begin{array}{lr}
 & \text{fr.} \quad \text{c.} \\
 & 2,75 \\
 & 1,25 \\
\hline
\text{Reste} & 1,50 \\
\hline
\text{Preuve} & 2,75 \\
\end{array}
$$

Réponse. On commence par la colonne des centimes, en opérant ainsi : 5 de 5 reste 0; passant à la seconde colonne, je dis 2 de 7 il reste 5; arrivé à la colonne des unités,

4.

je dis 1 de 2 reste 1 ; il me reste encore 1 fr. 5o cent.

2° Papa devait 524o francs 25 cent. , il a payé 4867 francs 75 cent.; combien redoit-il ?

fr. c.

5240,25

4867,75

Reste   372,5o

Preuve   5240,25

Réponse. En commençant par la colonne des centimes, j'opère comme pour les nombres entiers, et je dis 5 de 5 reste zéro; 7 de 12 reste 5; je retiens un, 1 et 7 font 8 ; 8 de 10 reste 2; je retiens un, 1 et 6 font 7; 7 de 14 reste 7 ; je retiens un, 1 et 8 font 9; 9 de 12 reste 3; je retiens un, 1 et 4 font 5, qui ôté de 5, il reste zéro ; comme cette colonne est la dernière, je n'écris point le zéro: le reste est de 372 francs 5o cent.

3° Le revenu de mes parens est de 10000 francs, ils ont dépensé pendant l'année 240 fr. 25 cent., combien leur reste-t-il ?

fr.   c.

10000,00

9240,25

759,75

Preuve   10000,00

Réponse. En commençant par la colonne des centimes, je dis 5 de 10 reste 5, je retiens 1; 1 et 2 font 3, 3 de 10, il reste 7; je retiens 1; 1 et 0 font 1, 1 de 10 reste 9, ainsi de suite; arrivé à la dernière colonne, je dis 1 et 9 font 10 qui ôté de 10 il reste zéro, qu'il est inutile d'écrire au-dessous de cette colonne: il reste 759 francs 75 cent.

Voici plusieurs exemples sur lesquels on fera bien d'exercer les enfans.

	mètres		litres
4°	243,625	5°	2000,00
	134,835		1837,35
Reste	108,790	Reste	162,65
Preuve	243,625	Preuve	2000,00
6°	0,7835		
	0,3875		
Reste	0,3960		
Preuve	0,7835		

SEPTIÈME LEÇON.

Produit des nombres d'un seul chiffre, ou table de multiplication ; multiplication d'un nombre de plusieurs chiffres par un nombre d'un seul chiffre.

La multiplication est la troisième règle de calcul, par laquelle on répète un nombre nommé *multiplicande* autant de fois qu'il y a d'unités dans un autre nommé *multiplicateur*; le résultat de l'opération se nomme *produit*. Le multiplicande et le multiplicateur sont les facteurs du produit.

Ier EXEMPLE. Papa gagne 5 francs par jour ; combien gagne-t-il par semaine ou dans six jours ?

Réponse. Le gain de papa étant de 5 fr. par jour ; dans 6 jours il gagnera six pièces de 5 francs, ou six fois 5 francs. En additionnant 5 six fois, on aura pour total 3o francs.

5 fr.
5
5
5
5
5
———
30

Le nombre 5 est le multiplicande, 6 le multiplicateur, et 3o le produit; les unités du produit sont toujours de même espèce que celle du multiplicande.

Avant de faire d'autres multiplications, les enfans devront apprendre la table suivante qui contient tous les produits de deux nombres d'un seul chiffre.

1 fois	1	fait	1	2 fois	1	font	2	3 fois	1	font	3
1	2		2	2	2		4	3	2		6
1	3		3	2	3		6	3	3		9
1	4		4	2	4		8	3	4		12
1	5		5	2	5		10	3	5		15
1	6		6	2	6		12	3	6		18
1	7		7	2	7		14	3	7		21
1	8		8	2	8		16	3	8		24
1	9		9	2	9		18	3	9		27

4 fois	1	font	4		6 fois	1	font	6		8 fois	1	font	8
4	2		8		6	2		12		8	2		16
4	3		12		6	3		18		8	3		24
4	4		16		6	4		24		8	4		32
4	5		20		6	5		30		8	5		40
4	6		24		6	6		36		8	6		48
4	7		28		6	7		42		8	7		56
4	8		32		6	8		48		8	8		64
4	9		36		6	9		54		8	9		72

5 fois	1	font	5		7 fois	1	font	7		9 fois	1	font	9
5	2		10		7	2		14		9	2		18
5	3		15		7	3		21		9	3		27
5	4		20		7	4		28		9	4		36
5	5		25		7	5		35		9	5		45
5	6		30		7	6		42		9	6		54
5	7		35		7	7		49		9	7		63
5	8		40		7	8		56		9	8		72
5	9		45		7	9		63		9	9		81

Le produit de deux nombres ne change pas, quel que soit l'ordre des facteurs : par exemple, 5 fois 6 égale 6 fois 5, égale 30 ; il en sera de même pour tous les nombres.

Pour multiplier un nombre de plusieurs chiffres par un nombre d'un seul chiffre, on écrit le multiplicande, et au-dessous on place le multiplicateur, en tirant un trait au-dessous de celui-ci pour le séparer du produit.

EXEMPLE. L'aune de drap coûte 36 fr.; combien coûteront 9 aunes?

36 francs.

9 aunes.

Produit   324 francs.

Réponse. L'aune de drap coûtant 36 fr. 9 aunes coûteront 9 fois 36 fr. ou 9 fois 6 fr. et 9 fois 30 fr. En commençant par multiplier les unités du multiplicande, je dis 9 fois 6 font 54, je pose 4 sous les unités, et je retiens 5 dizaines pour ajouter au produit des trois dizaines du multiplicande par 9, en disant 9 fois 3 font 27 et 5 de retenu font 32, je pose 2 sous les dizaines, et j'avance 3 : on a pour le prix des 9 aunes de drap, 324 fr.

3° L'hectare de terres labourables coûte 2089 francs; combien coûteront 8 hectares?

2089 francs.

8

Produit   16712

Réponse. Après avoir disposé l'opération comme ci-dessus, je dis 8 fois 9 font 72, je pose 2, et je retiens 7 ; 8 fois 8 font 64 et 7

5

de retenu font 71, je pose 1 et je retiens 7 ; 8 fois zéro font o et 7 de retenu font 7, je pose 7, et je ne retiens *rien* ; 8 fois 2 font 16, je pose 6 et j'avance 1 : le produit est de 16712 fr. qui est le prix de 8 hectares.

Les instituteurs feront faire aux enfans les exemples suivans, ou d'autres semblables :

$$4° \quad 9847$$
$$2$$
$$\text{Prod.} \quad 19694$$

$$5° \quad 14609$$
$$5$$
$$\text{Prod.} \quad 73045$$

$$6° \quad 9999$$
$$7$$
$$\text{Prod.} \quad 69993$$

HUITIÈME LEÇON.

Multiplication d'un nombre de plusieurs chiffres par un nombre de plusieurs chiffres ; preuve de la multiplication.

Pour multiplier deux nombres l'un par l'autre, on écrit ordinairement le plus grand

au-dessus et le plus petit au-dessous en le sé
parant du produit par un trait.

EXEMPLE. Le quintal d'étain coûte 369 fr.,
combien coûteront 187 quintaux?

$$
\begin{array}{r}
369 \text{ francs.} \\
187 \\
\hline
2583 \\
29520 \\
36900 \\
\hline
\text{Produit} \quad 69003 \text{ francs.}
\end{array}
$$

Réponse. Après avoir disposé l'opération
comme ci-dessus, je commence par les unités, en disant, 7 fois 9 font 63, je pose 3
et je retiens 5; 7 fois 6 font 42 et 6 de retenu font 48, je pose 8 au rang des dizaines
et je retiens 4; 7 fois 3 font 21 et 4 de retenu font 25, je pose 5 et j'avance 2 : je multiplie ensuite tout le multiplicande par les
8 dizaines du multiplicateur, en disant 8 fois
9 font 72, je pose 2 à la colonne des dizaines et je retiens 7; 8 fois 6 font 48 et 7 de
retenu font 55, je pose 5 au rang des centaines et je retiens 5; 8 fois 3 font 24 et 5 de
retenu font 29, je pose 9 et j'avance 2 ; arri-

5.

vé à la centaine du multiplicateur, je multiplie tout le muliplicande par 1, en plaçant
le chiffre des unités 9, sous la colonne des
centaines ; je tire un trait sous ces produits
partiels et je fais l'addition pour avoir le
produit total ; qui est 69003 fr.

Deuxième exemple. L'hectare de terrain
coûte 968 francs, combien coûteront 6008
hectares ?

$$968 \text{ francs}$$
$$6008$$
$$\overline{7744}$$
$$5808000$$
$$\overline{\text{Produit } 5815744}$$

Après avoir multiplié 968 par 8, je le multiplie par 6 en mettant le premier chiffre du
produit au rang des mille ; je dis 6 fois 8
font 48, je pose 8 au rang des mille et je
retiens 4 ; 6 fois 6 font 36 et 4 font 40,
je pose 0 au rang des dizaines de mille et je
retiens 4 ; 6 fois 9 font 54 et 4 font 58, je
pose 8 et j'avance 5 ; en réunissant les deux
produits partiels, on a pour produit total
5815744.

On peut faire la preuve de cette multiplication ou de toute autre, en renversant l'ordre des facteurs. On aura le même produit.

$$
\begin{array}{r}
6008 \\
968 \\
\hline
48064 \\
36048 \\
54072 \\
\hline
\text{Produit} \quad 5815744
\end{array}
$$

Lorsque les deux facteurs d'un produit sont égaux, on fait la preuve de la multiplication en doublant l'un des facteurs; alors on doit obtenir un produit double.

Troisième exemple. Un mètre d'ouvrage coûte 37 francs, combien coûteront 37 mètres ?

$$
\begin{array}{ll}
37 & 74\ \textit{facteur double.} \\
37 & 37 \\
\hline
259 & 518 \\
1110 & 2220 \\
\hline
\textit{Produit}\ 1369\ \text{fr.} & 2738\ \textit{Produit dou-} \\
2 & \textit{ble.} \\
\hline
\end{array}
$$

Produit doublé 2738

En doublant le premier produit, on obtient le second.

Lorsque l'un des facteurs et l'unité suivie d'un certain nombre de zéros, la multiplication se fait en écrivant à la droite du second facteur les *zéros* qui sont à la droite de l'unité.

4° On demande combien 648 fr. valent de décimes, et combien ils valent de centimes ?

Réponse. Un franc vaut 10 décimes et il vaut 100 centimes ; donc 648 fr. vaudront 648 fois 10 décimes, et 648 fois 100 centimes en écrivant un zéro à la droite du 8, on aura 6480 décimes ; si on écrit deux zéros à la droite de 648, on aura 64800 centimes.

Lorsque l'un des facteurs contient un ou plusieurs zéros à sa droite, on multiplie l'autre facteur par les chiffres significatifs, et on écrit le *zéro* ou les *zéros* à la droite du produit :

5° Le franc vaut 20 sous, combien 539 fr. valent-ils de sous ?

639 francs.

20 sous.

12780 sous.

Réponse. Après avoir disposé l'opération

comme ci-dessus, je dis 2 fois 9 font 18, je pose 8 et j'écris un zéro à la droite, en retenant 1, je dis 2 fois 3 font 6 et 1 font 7, je pose 7 et je ne retiens rien ; 2 fois 6 font 12, je pose 2 et j'avance 1 ; il y a 12780 sous dans 639 francs. Le nombre 20 est le multiplicande quand même il est le plus petit des deux facteurs, puisque 639 francs valent 639 pièces de 20 sous.

Sixième exemple. La lieue vaut 4000 mètres, combien y a-t-il de mètres dans 345 lieues ?

$$345$$
$$4000$$
$$\text{Produit } 1380000 \quad \text{mètres.}$$

Réponse. Je multiplie 345 par 4, en disant 4 fois 5 font 20, je pose *zéro*, que je fais suivre des trois zéros qui se trouvent au multiplicande, et je retiens 2 ; 4 fois 4 font 16 et 2 font 18, je pose 8 et je retiens 1 ; 4 fois 3 font 12 et 1 font 13, je pose 3 et j'avance 1 ; il y a 1380000 mètres dans 345 lieues.

Si les facteurs d'un produit contiennent l'un et l'autre des zéros à la droite des chiffres significatifs : on multiplie les deux nombres l'un par l'autre comme s'il n'y avait pas de zéros, ayant soin d'écrire à la droite du produit autant de zéros qu'il y en a dans les deux facteurs réunis.

SEPTIÈME EXEMPLE. Un particulier reçoit chaque jour 3800 francs, pendant 2700 jours; on demande à combien se monte le total de sa recette?

$$3800$$
$$2700$$
$$266$$
$$76$$
$$10260000$$

Réponse. Je multiplie 38 par 27, et après avoir fait l'addition des deux produits partiels, j'écris quatre zéros à la droite du chiffre des unités, et on a pour produit 10260000 francs.

Voici plusieurs exemples sur lesquels on pourra exercer les enfans.

8° Le quintal commun vaut 50 *kilogrammes;* le kilogramme vaut 2 *livres*, la livre 2 *marcs*, le marc 8 *onces*, l'once 8 *gros*, le gros 3 *deniers* ou *scrupules*, le scrupule 24 *grains*: on demande combien il y a de grains dans un quintal ?

50 kilogrammes.
2 livres
____

100 livres
2 marcs
____

200 marcs
8 onces
____

1600 onces
8 gros
____

12800 gros
3 deniers
____

38400 deniers
24 grains
____

1536
768
____

921600 grains

Réponse. On multiplie 50 par 2, on a 100 livres ; en multipliant 100 par 2, on aura 200 marcs, et 200 par 8 donnera 1600 onces ; 1600 multiplié par 8 donnera pour produit 12800 gros ; les 12800 gros multipliés par 3 donneront 38400 deniers, enfin en multipliant 38400 par 24, on aura pour produit 921600 grains qui est le nombre de grains contenus dans 50 kilogrammes.

9° L'année est de 365 jours 5 heures 49 minutes : on demande combien il y a de minutes dans un an ?

```
365 jours
 24 heures
─────────
 1460
7305
─────────
8765 heures
 60 minutes
─────────
525949 minutes
```

Réponse. Je multiplie 365 par 24, parce qu'il y a 24 heures dans le jour, et j'ajoute au produit 5 heures, ensuite je multiplie 8765 heures par 60, parcequ'il y a 60 minutes dans une heure, et j'ajoute au produit 49 minutes.

10° La lieue vaut 2000 toises, la toise 6 pieds, le pied 12 pouces, le pouce 12 lignes, la ligne 12 points; on demande combien il y a de points dans une lieue?

Réponse. En multipliant 6 pieds par 2000, on aura 12000 pieds dans une lieue; 12 pouces multipliés par 12000 donneront 144000 pouces; 12 lignes multipliées par 144000 donneront 1728000 lignes; enfin, en multipliant 12 points par 1728000, on aura 20736000 points dans une lieue.

NEUVIÈME LEÇON.

Multiplication des nombres qui contiennent des fractions décimales.

La multiplication des nombres qui contiennent des fractions décimales se fait de la même manière que celle des nombres entiers, ayant l'attention de séparer sur la droite du produit autant de chiffres décimaux qu'il y en a dans les deux facteurs réunis.

PREMIER EXEMPLE. Le mètre de drap coûte 24,$^{\text{fr.}}$75, combien coûteront 69 mètres ?

$$
\begin{array}{r}
24,^{\text{fr.}}75 \\
69 \\
\hline
222\ 75 \\
1485\ 00 \\
\hline
1707,75
\end{array}
$$

R. On multiplie 2475 par 69, on trouve pour produit 170775, le multiplicande 2475 contenant deux décimales, je les sépare sur la droite du produit par une virgule et j'obtiens 1707,$^{\text{fr.}}$75 pour le prix de 69 *mètres.*

2° Le kilogramme de plomb coûte 15,^{fr} 95 c., combien coûteront 68,^{kil} 587448 ?

Réponse. Il faut multiplier 15,^{fr}95 par 68^{kil} 587348 ; or, deux nombres donnent le même produit, quel que soit l'ordre des facteurs : on multipliera 68,587348 par 15,95, on aura :

$$
\begin{array}{r}
68{,}587348 \\
15{,}95 \\
\hline
3\ 42936740 \\
61\ 7286132 \\
342\ 936740 \\
685\ 87348 \\
\hline
1093^{fr}96820060
\end{array}
$$

En multipliant 68587348 par 1595, on a pour produit 109396820060, or le premier facteur contient 6 décimales, et le second *deux* ; c'est pourquoi il faut en séparer huit au produit, et on a pour le prix des 68,^{kil} 587348. Le nombre 1093,^{fr}96820006 , mais la plus petite monnaie étant le centime et la troisième décimale 8 surpassant 5, il faut augmenter le chiffre 6 d'une unité et on aura 1093,^{fr}97 pour le prix de 68,^{kil} 587348.

3° Lè kilogramme de fromage coûte 1$^{fr.}$60, combien coûteront 0,$^{kil.}$25 ?

Réponse. Je multiplie 16 par 25 j'obtiens pour produit 400, le multiplicande 1,6 a une décimale et le multiplicateur en a deux; le produit doit en avoir trois, j'aurai 0$^{fr.}$400 ou 40 centimes pour le prix de 0$^{kil.}$25.

On pourra exercer les enfans sur l'exemple suivant ou d'autres semblables.

QUATRIÈME EXEMPLE. Un particulier a fait l'acquisition d'un domaine consistant :

1° En une maison de campagne et enclos, 2° 24,$^{hect.}$35 de terres labourables première qualité, 3° 18 hectares de seconde qualité, 4° 9$^{hect.}$1535 de forêt, 5° 9 hectares de pré, 6° 87 ares de vignes. Il a payé la maison et l'enclos 10000, francs

L'hectare de terres labourables première qualité, 2284$^{fr.}$25.

L'hectare de seconde qualité 1600 francs.

L'hectare de bois, 964 francs.

L'hectare de pré, 3248$^{fr.}$25.

L'are de vigne, 88$^{fr.}$75.

On demande le prix total du domaine?

Réponse. Après avoir effectué toutes les multiplications, on fait l'addition suivante :

	fr.
1° Maison de campagne avec enclos	10000
2° 24 hect. 35 de terre à 2284,fr.25 l'hect.	55621,4875
3° 18 hect. à 1600 francs.	28800,0000
4° 9 hect. 1535 de forêt à 964 francs.	8823,9740
5° 9 hect. de pré à 3248 fr. 25.	29234,2500
6° 87 ares de vignes à 88 fr. 75.	7721,2500

	fr.
Prix total du domaine.	140200,9615

Ce domaine acquis par ce particulier coûtera 140200,f.96 : on néglige le 15 *dix-millièmes de francs ;* parce qu'ils sont moindres qu'un demi-centime.

~~~~~~

DIXIÈME LEÇON.

De la division d'un nombre de plusieurs chiffres par un nombre d'un seul chiffre?

La division est la quatrième règle de calcul, par laquelle on détermine le facteur d'un produit lorsque l'on connaît ce produit
~~~~~~

et l'autre facteur : le produit connu se nomme *dividende*, le facteur connu *diviseur*, et le facteur cherché se nomme *quotient* ; donc le diviseur, multiplié par le quotient, doit produire le dividende.

PREMIER EXEMPLE. Le mètre de toile coûte 6 francs ; combien aura-t-on de mètres avec 3o francs.

Réponse. Le nombre de pièces de 6 francs qu'il y aura dans 3o francs, sera le nombre de mètres que l'on pourra payer.

$$
\begin{array}{c}
3o \\
6 \\
\hline
24 \\
6 \\
\hline
18 \\
6 \\
\hline
12 \\
6 \\
\hline
6 \\
6 \\
\hline
o
\end{array}
$$

En retranchant 6 de 30, il reste 24 ; 6 de 24, il reste 18 ; 6 de 18 ; il reste 12 ; 6 de 12, il reste 6 ; enfin 6 de 6, il reste 0. Après avoir retranché de 30 francs, 5 fois 6 francs, on a un reste nul ; donc avec 30 francs on pourra payer 5 mètres. La division peut s'effectuer par la soustraction répétée du diviseur ; mais l'opération serait impraticable si le diviseur était très petit par rapport au dividende. La table de la multiplication 7me leçon peut servir pour effectuer les divisions d'un nombre d'un seul chiffre et de quelques nombres de deux chiffres par un seul.

Deuxième exemple. 8 kilogrammes ont coûté 40 francs, combien le kilo ? *Réponse.* Je cherche le nombre 40 dans les produits dont le premier facteur est 8, je trouve pour second facteur 5, qui est le quotient de 40 par 8 ; donc avec 40 francs, on pourra payer 5 kilogrammes à raison de 8 francs *le kilo.* Si les produits qui ont pour premier facteur le diviseur, ne contenaient pas le dividende, je choisirais parmi ces produits celui qui serait immédiatement plus petit que mon dividende.

Troisième exemple. L'aune de toile coûte 7 fr., combien aura-t-on d'aunes avec 31 fr. ?

En cherchant dans la table des produits qui ont pour facteur 7, je trouve que le dividende 31 est compris entre 28 et 35; et le second facteur de 28 est 4, 7 étant le premier, on pourra donc avec 31 fr. payer 4 aunes de toile à raison de 7 francs l'aune, et il restera 6 francs, avec lesquels on aura $\frac{1}{7}$ d'une aune.

L'instituteur s'assurera de la manière suivante que les enfans possèdent parfaitement la table de la septième leçon; connaissant un produit et l'un des facteurs trouver l'autre. Par quel nombre faut-il multiplier 7 pour avoir 28? *Réponse.* 4.

Quel est le quotient de 68 par 9?
Réponse. 7 pour 63, il reste 5.
Quelle est la huitième partie de 53?
Réponse. 6, pour 48, il reste 5, etc.
4° Partagez 3546, en deux parties égales?

$$\frac{1}{2} \quad \underline{3546 \text{ fr.}}$$
$$1773$$

Je commence par les unités de l'ordre le plus grand, et je dis, la moitié de 3 est 1 pour 2, il reste 1 qui vaut 10 par rapport au 5; 10 et 5 font 15, la moitié de 15 est 7, il reste 1 qui vaut 10 par rapport au 4, 10 et 4 font 14, la moitié de 14 est 7, passant au chiffre des unités, je termine la division en disant la moitié de 6 est 3 : le quotient de 3546 par 2 est 1773.

5° 6 livres ont coûté 8457 fr., combien la livre?

$$\tfrac{1}{6} \quad \underline{8457}$$
$$1409 \text{ fr. } \tfrac{3}{6}$$

Réponse. En commençant par les mille, je dis, le sixième de 8 est 1 pour 6, il reste 2, qui valent 20; 20 et 4 font 24, le sixième de 24 est 4, il ne reste rien; en passant au chiffre des dizaines, je dis le sixième de 5 est 0 pour 0, il reste 5 qui valent 50; 50 et 7 font 57, le sixième de 57 est 9, il reste 3; le quotient de 8457 f. par 6 est 1409 f. $\tfrac{3}{6}$.

On pourra exercer les enfans sur les exemples suivans et d'autres semblables.

Prendre la moitié, le tiers, le quart, le cinquième, le sixième, etc., de 142857?

Réponse. On aura *la moitié de* 142857 *égale* 71428 $\tfrac{1}{2}$: le tiers du même nombre sera 47619.

On aura {
Pour le quart $35714\ \frac{1}{4}$
Pour le cinquième $28571\ \frac{2}{5}$
Pour le sixième $23809\ \frac{3}{6}$
etc.

On fera la preuve de toutes ces divisions par la multiplication. En multipliant le quotient 1773 du quatrième exemple par 2, on a le dividende 3546. Pour faire la preuve du cinquième exemple, je multiplie le quotient 1409 par 6 et j'ajoute au produit le reste de la division 3. J'opère ainsi; 6 fois 9 font 54 et 3 de reste font 57, je pose 7 et je retiens 5; 6 fois o font o, et 5 font 5, je pose 5; 6 fois 4 font 24, je pose 4 et je retiens 2; 6 fois 1 font 6 et 2 font 8, je pose 8; le produit est le dividende 8457.

ONZIÈME LEÇON.

De la division des nombres entiers de plusieurs chiffres.

Pour diviser un nombre par un autre; on écrit ordinairement le diviseur à la droite du dividende, en les séparant par un trait, et on souligne le diviseur pour le séparer du quotient.

PREMIER EXEMPLE. Le mètre d'ouvrage coûte 125 francs; combien fera-t-on faire de mètres avec 374625 francs?

Réponse. Je dispose l'opération ainsi :

$$
\begin{array}{r|l}
374625 & 125 \\
250 & \overline{2997} \\
\hline
1246 & \\
1125 & \\
\hline
1212 & \\
1125 & \\
\hline
875 & \\
875 & \\
\hline
000 &
\end{array}
$$

En prenant sur la droite du dividende autant de chiffres qu'il en faut pour contenir le diviseur, j'ai 374, et je dis en 374 combien de fois 125, ou pour plus de simplicité, en 3 combien de fois 1, il y aurait trois fois; mais 3 fois 125 font 375 plus grand que 374 : le chiffre 3 est trop fort, je mets 2; en multipliant 125 par 2, j'écris le produit 250 au-dessous de 374 ; faisant la soustraction j'ai pour reste 124. A côté de ce reste j'abaisse le chiffre 6, on a le second dividende partiel 1246 ; je dis en 12, combien de fois 1 , il y aurait 12 fois ; mais un chiffre du quotient ne pouvant pas être plus grand que 9, je pose 9 au quotient et je multiplie 125 par 9; le produit 1125 retranché de 1246 donne pour reste 121. A côté de ce reste j'abaisse le chiffre 2 , et je dis, en 12, combien de fois 1 ; il ne peut y aller que 9 fois, je multiplie 125 par 9, et je retranche le produit 1125 de 1212. A côté du reste 87 j'abaisse le chiffre 5 et j'ai pour dernier dividende partiel 875; je dis en 8 combien de fois 1, il y aurait 8 fois; mais 8 fois 125 font mille, il ne peut y aller que 7 fois, et on a 7 fois 125 égale 875, qui retranché de 875 donne pour dernier reste zéro : on pourra donc payer 2997 mètres avec 374625 francs, à raison de 125 francs le mètre. On pourra faire la preuve de cette division par la multiplication , en multiplant 2997 par 125; on aura pour produit le dividende 374625.

Deuxième exemple. Le kilolitre de charbon coûte 45 francs ; combien aura-t-on de kilolitre avec 90495 francs?

$$\begin{array}{r|l}
90495 & 45 \\
90 & \overline{2011} \\
\cline{1-1}
049 & \\
45 & \\
\cline{1-1}
45 & \\
45 & \\
\cline{1-1}
0 &
\end{array}$$

Réponse. Le quotient contiendra quatre chiffres ; les 90 mille contiennent 45 deux mille fois. A côté du reste zéro j'abaisse le chiffre 4 ; or 4 ne contient pas 45, je mets 0 au quotient, et à côté du reste 4, j'abaisse le chiffre 9 ; j'ai 49 qui contient 45, une fois, et pour reste 4. A côté de ce dernier reste j'abaisse le chiffre 5, et j'ai pour dernier dividende partiel 45, qui contient juste une fois le diviseur 45 : on pourra payer 2011 kilolitres de charbon avec 90495 francs, à raison de 45 francs l'hectolitre. On pourrait faire la preuve de cette division par la division, en proposant la question suivante :

2011 kilolitres ont coûté 90495 francs ; combien le kilolitre?

$$
\begin{array}{r|l}
90495 & 2011 \\
8044 & \overline{45} \\
\hline
10055 & \\
10055 & \\
\hline
0000 &
\end{array}
$$

Réponse. En divisant 90495 par 2011, on a pour quotient 45 francs, qui est le prix de l'hectolitre.

Troisième exemple. L'année contient 525949 minutes, on demande combien il y a d'années dans 1000000000 de minutes.

Réponse. Le nombre de fois que 525949, sera contenu dans un billon, sera le nombre d'années qu'il y aura dans un billion de minutes : je divise 1000000000 par 525949.

$$
\begin{array}{r|l}
1000000000 & 515949 \\
525949 & \overline{1901 \text{ ans}} \\
\hline
4740510 & \\
4733541 & \\
\hline
696900 & \\
525949 & \\
\hline
170951 \text{ minutes} &
\end{array}
$$

J'ai pour quotient 1901 ans, et pour reste

170951 minutes, ou environ quatre mois. On fait la preuve de cette division en multipliant 525949 par 1901 et ajoutant au produit 170951, on aura pour total 1000000000.

$$
\begin{array}{r}
525949 \\
1901 \\
\hline
525949 \\
473354100 \\
525949000 \\
170951 \\
\hline
1000000000 \text{ minutes}
\end{array}
$$

Lorsque le diviseur est l'unité suivie d'un certain nombre de zéros, on effectue la division en séparant, sur la droite du dividende, autant de chiffres décimaux qu'il y a de zéros à la droite de l'unité.

QUATRIÈME EXEMPLE. On demande combien il y a de francs dans 687 *décimes ?* Je divise par 10, en séparant, par une virgule, le dernier chiffre 7, et j'ai, pour résultat, 68,^{fr} 7.

CINQUIÈME EXEMPLE. On demande combien il y a de francs dans 3945 centimes ?

Réponse. Je sépare par une virgule les deux derniers chiffres 45 , j'aurai 39,ᶠʳ45.

Sɪxɪèᴍᴇ ᴇxᴇᴍᴘʟᴇ. On demande combien il y a de kilomètres et de myriamètres dans 680000 mètres.

Réponse. J'aurai le nombre de kilomètres en supprimant trois zéros sur la droite, et le nombre de myriamètres en supprimant les quatre zéros. On aura dans 680000 mètres 680 kilomètres ou 68 myriamètres.

Voici plusieurs divisions sur lesquelles on pourra exercer les enfans en leur faisant faire la preuve par la multiplication.

Sᴇᴘᴛɪèᴍᴇ ᴇxᴇᴍᴘʟᴇ. La terre a 40000000 mètres de circonférence ; elle a aussi 9000 lieues communes de France : on demande combien la lieue commune contient de mètres ?

Réponse. On divisera 40000000 par 9000 ; pour cela, on divisera d'abord par 1000, en supprimant les trois derniers zéros ; on aura pour premier quotient 40000 qui, divisé par 9, donne pour second et dernier quotient 4444 mètres 4/9, qui sera le nombre de mètres contenus dans une lieue commune.

Hᴜɪᴛɪèᴍᴇ ᴇxᴇᴍᴘʟᴇ. On demande combien de toises dans 54000000 de lignes ?

Réponse. En divisant ce nombre par 12, on aura pour premier quotient 4500000 pouces, en divisant ce premier quotient par 12, on aura pour second quotient 375000 pieds ; enfin en prenant la sixième partie de 375000 pieds, on aura pour quotient 62500 toises, qui sera le nombre de toises contenues dans 5400000 de lignes.

Neuvième exemple. On demande combien de livres dans 1000000 de grains.

Réponse. Le premier quotient par 24, donnera 41666 deniers ou scrupules, plus 16 grains ; le second quotient ou le tiers de 41666 deniers, sera 13888 gros, plus 2 deniers ; en prenant le huitième de 13888, on aura pour troisième quotient 1736 onces ; le huitième de 1736 onces donnera pour quatrième quotient 217 marcs ; enfin, en prenant la moitié de 217 marcs, on obtiendra pour cinquième et dernier quotient 108 livres 1 marc : donc 1000000 de grains valent 108 livres 1 marc 2 deniers 16 grains. En faisant la preuve, on trouvera pour dernier produit le dividende 1000000 de grains.

DOUZIÈME LEÇON.

De la division des nombres décimaux.

Premier cas. Lorsque le dividende contient des décimales et que le diviseur n'en contient pas , on fait la division par la méthode ordinaire , ensuite on sépare par une virgule sur la droite du quotient autant de chiffres décimaux qu'il y en a dans le dividende.

Premier exemple. Partager $8571,^{fr}48$ entre 12 personnes.

```
8571,48 | 12
84      |————————
        | 714,fr.29
  17
  12
 ————
   51
   48
  ————
    34
    24
  ————
   108
   108
   ————
   000
```

Réponse. En divisant le nombre 857148 par 12, on a pour quotient 714 29 ; en séparant les deux derniers chiffres par une virgule, on aura $714,^{fr}29$ pour la part de chaque personne.

7·

Deuxième exemple. Un franc vaut 20 sous : combien de francs dans 6837 sous ?

Réponse. Je divise d'abord par 10 en séparant le dernier chiffre, on a pour premier quotient 683, 7 ou 683,70 ; en prenant la moitié,

$$\tfrac{1}{2} \ \dfrac{683,70}{341,85}$$

et opérant ainsi : la moitié de 6 est 3, la moitié de 8 est 4, la moitié de 3 est 1, il reste 1 qui vaut 10 dixièmes, 10 et 7 font 17, la moitié de 17 est 8; il reste 1 dixième qui vaut 10 centièmes : la moitié de 10 est 5; j'aurai 341,$^{fr.}$85 pour le nombre de francs contenus dans 6837 sous.

Nous avons vu, première partie, troisième leçon, que l'on ne change pas la valeur d'un nombre qui contient des fractions décimales en écrivant à sa droite un ou plusieurs zéros. Lorsque le dividende contiendra des décimales et que le dernier reste ne sera pas nul, on pourra abaisser un ou plusieurs zéros à la droite de ce reste, et dans un grand nombre de cas, le quotient pourra s'exprimer exactement en décimales.

Troisième exemple. Le franc contient 80 liards, on demande combien il y a de francs dans 6937 liards ?

Réponse. Je sépare sur la droite du dividende le dernier chiffre 7, j'ai pour premier quotient 693,7 en prenant la huitième partie de ce quotient; je dis, le huitième de 69 est 8 pour 64, il reste 5 qui valent 50, 50 et 3 font 53; le huitième de 53 est 6 pour 48, il reste 5 unités qui valent 50 dixièmes; 50 et 7 font 57, le huitième de 57 est 7, il reste 1 dixième qui vaut 10 centièmes, le huitième de 10 est 1, il reste 2 centièmes qui valent 20 millièmes; le huitième de 20 est 2, il reste 4 millièmes ou 40 dix-millièmes, dont le huitième est 5 dix-millièmes : on a obtenu 86,7125 pour la huitième partie de 693,7, donc 6937 liards valent 86,^{fr}7125. Le quotient de 693,7 par 8 a été sans reste à la quatrième décimale.

Deuxième cas. Le dividende est un nombre entier et le diviseur contient des décimales : dans ce cas, avant de commencer la division on écrit autant de zéros à la droite du dividende qu'il y a de chiffres décimaux dans le diviseur; on supprime la virgule, et on effectue la division comme celle des nombres entiers.

QUATRIÈME EXEMPLE. 37,$^{kil.}$125 ont coûté 142857 francs, combien le kilolitre?

Réponse. J'écris trois zéros à la droite de 142857, j'ai pour dividende 142857000 et supprimant la virgule dans le diviseur, j'aurai 37125 pour diviseur :

$$
\begin{array}{l|l}
142857000 & 37125 \\
\hline
111375 & 3848 \\
\hline
314820 & \\
297000 & \\
\hline
178200 & \\
148500 & \\
\hline
297000 & \\
297000 & \\
\hline
000000 &
\end{array}
$$

En effectuant la division, on a pour quotient 3848 fr. qui est le prix du kilolitre.

Troisième cas. Le dividende et le diviseur contenant l'un et l'autre des décimales; 1° si les décimales du dividende sont en plus grand nombre que les décimales du diviseur, on supprime la virgule dans le diviseur et on avance sur la droite du dividende la virgule d'autant de rang qu'il y a de décimales dans le diviseur; ensuite on fait la division comme dans le premier cas.

Cinquième exemple. Le décalitre de vin coûte 7,$^{fr.}$24; combien aura-t-on de décalitres avec 393,$^{fr.}$313?

Réponse. Je divise 39331,3 par 724

<table>
<tr><td>39331,3</td><td>724</td></tr>
<tr><td>3620</td><td>54,325</td></tr>
<tr><td>3131</td><td></td></tr>
<tr><td>2896</td><td></td></tr>
<tr><td>2353</td><td></td></tr>
<tr><td>2172</td><td></td></tr>
<tr><td>1810</td><td></td></tr>
<tr><td>1448</td><td></td></tr>
<tr><td>3620</td><td></td></tr>
<tr><td>3620</td><td></td></tr>
<tr><td>0000</td><td></td></tr>
</table>

A la droite du troisième reste 181, j'écris un zéro et j'ai 1810, qui divisé par 724, donne 2, au quotient et pour reste 362; en écrivant un zéro à la droite de ce reste, on aura 3620, qui divisé par 724, donne pour quotient 5 *millièmes* et pour reste zéro. En écrivant un zéro à la droite de chaque reste, on n'a point changé la valeur du dividende, puisque 39331,3 est la même chose que 39331,300.

2° Si les décimales du dividende sont en même nombre que celles du diviseur, on supprime la virgule de part et d'autre, et on fait la division comme dans le cas des nombres entiers ; le quotient n'aura pas changé, puisque le dividende et le diviseur seront devenus le même nombre de fois plus grand.

SIXIÈME EXEMPLE. 37,$^{kil.}$8475 ont coûté 3488,$^{fr.}$0256; combien le kilolitre?

En supprimant la virgule dans le diviseur, on a 378475 kilolitres, c'est-à-dire, dix mille fois plus de marchandises; or pour payer dix mille fois plus de marchandises, il faut dix mille fois plus d'argent : en supprimant la virgule dans le dividende, on a 34880256 fr., qui est dix mille fois plus que 3488,$^{fr.}$0256; donc 378475 kilolitres ont coûté 34880256 francs. En divisant 34880256 fr., par 378475 kilolitres, on aura le prix du kilolitre.

$$\begin{array}{r|l} 34880256 & 378475 \\ 3406275 & \overline{\quad 92,^{fr}16} \\ \hline 817506 & \\ 756950 & \\ \hline 605560 & \\ 378475 & \\ \hline 2270850 & \\ 2270850 & \\ \hline 0000000 & \end{array}$$

On a écrit un zéro à la droite du reste 60556, on a obtenu un nombre dix fois plus grand 605560, qui divisé par 378475 a donné pour quotient un dixième et pour reste 227085 dixièmes; en écrivant un zéro à la droite de ce nombre on a 2270850 centièmes, qui divisé par 378475 donne pour quotient 6 centièmes et pour reste zéro : le prix du kilolitre est de 92,^{fr}16.

3° Si le dividende a moins de décimales que le diviseur, on complète par des zéros les chiffres décimaux du dividende, et supprimant la virgule de part et d'autre, on fait la division comme précédemment.

Septième exemple. 195,^{kil.}3125 ont coûté 5468,^{fr.}75 ; combien le kilogramme?

Réponse. J'écris deux zéros à la droite du dividende 5468,75, supprimant la virgule de part et d'autre, je divise 54687500 par 1953125 ;

```
54687500 | 1953125
3906250  | 28 francs.
─────────
15625000
15625000
─────────
00000000
```

et j'ai pour quotient 28 francs qui est le prix du kilogramme : on pourra aussi dans cette leçon exercer les enfans sur les exemples de la leçon suivante.

Observations. Les preuves de toutes ces divisions se font par la multiplication. La prèuve de la multiplication peut aussi se faire par la division; en divisant le produit par un des facteurs, on doit trouver pour quotient l'autre facteur.

TREIZIÈME LEÇON.

Évaluation des restes de divisions ou des fractions ordinaires en fractions décimales, suivie des quatre règles sur les fractions réduites en décimales.

Toute expression fractionnaire est une division indiquée, dont le numérateur est le dividende, et le dénominateur le diviseur : par exemple, 3/4 d'un franc est la même chose que le quart de 3 francs; puisque le quart d'un franc vaut 25 centimes, et les 3/4 d'un franc valent 3 fois 25 centimes ou 75 centimes, qui sont le quart de 3 francs ou de 3oo centimes.

Nous avons vu dans les cinquième et sixième exemples de la leçon précédente, que pour obtenir des fractions décimales au quotient, on a écrit successivement un zéro à la droite de chaque reste, après avoir abaissé tous les chiffres du dividende total, et continuant la division on a placé successivement chaque chiffre des quotiens partiels à la droite de la virgule : une fraction n'étant autre chose qu'une division indiquée, on l'évaluera en fractions décimales, en divisant le numérateur par le dénominateur ; le premier quotient sera *zéro* unité, l'on multipliera successivement les restes par dix, en écrivant un zéro à leur droite ; le second chiffre du quotient sera des dixièmes, le troisième des centièmes, ainsi de suite.

PREMIER EXEMPLE. On demande d'additionner les fractions, 1/2, 3/5, 17/20, 3/80, 4/12, 5/11, 5/6, après les avoir évaluées, ou exprimé leurs valeurs en fractions décimales ?

En commençant par la première fraction $\frac{1}{2}$: je dis : la moitié de 1 est de 0, il reste 1 ou 10 dixièmes, je pose zéro au rang des unités, et à droite une virgule ; je continue, en disant la moitié de 10 est 5, et j'ai 0,5 pour la fraction 1/2, on aura de même 0,6 pour la fraction 3/5 ; toutes ces fractions évaluées en décimales peuvent se disposer de la manière suivante :

1/2 *égale* 0,5 et 3/5 *égale* 0,6.

Pour obtenir la fraction $\frac{17}{20}$ en décimales
on divise d'abord 17 par 10 on a 1, 7 dont on
prend la moitié, en disant: la moitié de 1
est o, il reste 1 qui vaut 10 dixièmes, 10
et 7 font 17; la moitié de 17 est 8, il reste
1 dixième qui vaut 10 centièmes; la moitié de
10 centièmes est 5, et j'ai o, 85 pour la fraction 17/20. On obtient aussi la valeur de la
fraction 3/80 en divisant d'abord par 10, et
prenant ensuite la huitième partie du quotient. On dit : le huitième de o est zéro, le
huitième de 3 dixièmes est o dixièmes, il reste
3 dixièmes ou 30 centièmes; le huitième de
30 centièmes est 3 pour 24, il reste 6 centièmes ou 60 millièmes; la huitième de 60
est 7, il reste 4 millièmes ou 40 dix-millièmes; le huitième de 40 est 5, et il ne
reste rien; la fraction décimale o, 0375 ex-
primera la valeur de 3/80.

4	12
40	o, 333 etc.
40	
40	

5	11
50	o, 4545, etc.
60	
50	

Pour les fractions $\frac{4}{12}$ et $\frac{5}{11}$, on effectue la
division par la méthode ordinaire, en disant :
en 4 combien de fois 12, il y est zéro, il reste
4 qui valent 40 dixièmes; en 40 combien

de fois 12, il y est 3 fois pour 36 qui ôté de 40, il reste 4 : ce reste étant toujours le même, on aura continuellement le même quotient, et la fraction 4/12 ne pourra s'exprimer exactement en décimales : on aura $\frac{4}{12}$ égale o, 3333 etc.

La fraction 5/11 ne peut pas aussi s'exprimer exactement en décimales : en divisant 5 par 11, on dit en 5, combien de fois 11, il y est o, il reste 5 qui valent 5o dixièmes ; en 5o, combien de fois 11, il y est 4 fois pour 44, qui ôté de 5o, il reste 6 dixièmes qui valent 6o centièmes ; en 6o, combien de fois 11, il y a 5 fois pour 55, qui ôté de 6o, il reste 5 centièmes ou 5o millièmes ; les restes revenant dans le même ordre, on aura les mêmes chiffres ou quotient, et la fraction $\frac{5}{11}$ vaudra o, 4545 etc. Ces fractions décimales qui ne se terminent pas, et dont les chiffres décimaux se répètent, se nomment *fractions décimales périodiques*. On obtient la valeur de la fraction $\frac{1}{6}$ en décimales en disant : le sixième de 5o est 8, il reste 2, qui valent 20 dixièmes ; le sixième de 20 est 3, il reste 2, qui valent 20 centièmes ; le sixième de 20 est 3, ainsi de suite. On a pour $\frac{1}{6}$ la fraction décimale o, 8333, etc. Cette nouvelle fraction décimale périodique dont tous les chiffres ne se répètent pas, se nomme *fraction décimale périodique mixte*, ou pour plus de simplicité, on nomme celle-ci *période mixte*, et la première *période ordinaire*. Lorsque l'on doit additionner plusieurs fractions réduites en décimales, on se contente de quatre décimales dans l'addition, et si la troisième décimale de la somme est 5, ou plus grande que cinq, on augmente le chiffre des centièmes d'une unité ; si cette décimale est plus petite que 5, on la supprime ainsi que la suivante , parce que la plus petite monnaie de France est le centime : voici l'addition des fractions précédentes.

1/2	égale	0,5000
3/5		0,6000
17/20		0,8500
3/80		0,0375
4/12		0,3333, etc.
5/11		0,4545, etc.
5/6		0,8333, etc.
Total.		3,6086 etc.

En commençant par la colonne des dix-millièmes , je trouve pour somme 16, je pose 6 sous cette colonne et je retiens un pour porter à la colonne des millièmes, dont la somme est 18, je pose 8 et je retiens 1 que j'ajoute à la colonne des centièmes; cette colonne donne 20, en posant 0 je retiens 2 que je porte aux dixièmes, dont la somme est 36, je pose 6 sous les dixièmes, et je place 3 au rang des unités; on a pour la somme de toutes ces fractions 3,6086, et comme le chiffre 8 surpasse 5, on ajoute un centième à 60 et on a 3,61.

DEUXIÈME EXEMPLE. Pierre doit à Paul 17/20 de francs, il a payé 3/4; combien doit-il encore.

Réponse. $\frac{17}{20}$ valent 0^{fr},85

$\frac{3}{4}$ valent 0, 75

Reste. 0^{fr}, 10

On retranche 0^{fr},75 de 0^{fr},85, on a pour reste 10 centimes que Pierre redoit à Paul.

TROISIÈME EXEMPLE. Un fabricant de drap devait livrer à un marchand 400 mètres $\frac{2}{3}$; il en a livré 268 mètres $\frac{3}{4}$; on demande combien il lui en reste à livrer?

Réponse. La fraction 2/3 évaluée en décimales, donne 0,6666, etc.; et la fraction 3/4 vaut en décimales 0,75; donc on aura 400 mètres 2/3 égalent 400,^{m}666, etc.; et

268 mètres 3/4 égalent 268^{m},75 ; en effectuant la soustraction, on aura pour reste 131,^{m}917.

$$400,^{m}\,6\bar{6}666 \text{ etc.}$$
$$268,\quad 75000$$

Reste   131,^{m}91666 etc.

Preuve   400,^{m}66666

On a augmenté la troisième décimale 6, d'une unité, parce que le millimètre est la plus petite partie employée du mètre, et la quatrième décimale surpasse 5, *dix-millimètres*.

QUATRIÈME EXEMPLE. L'aune de drap coûte 48 fr. 13/20 ; combien coûteront 13 aunes 1/2 ?

Réponse. La fraction 13/20 vaut 0,65, et la fraction 1/2 vaut 0,5 ; cette question peut se changer en celle-ci : l'aune de drap coûte 48,^{fr}65 ; combien coûteront 13,^{a}5 : en multipliant 48,65 par 13,5 j'aurai pour produit, le nombre 656,^{fr}775 ou 656,^{fr}77 *et demi*.

$$48,65$$
$$13,5$$
$$24\ 325$$
$$145\ 95$$
$$486\ 5$$
$$656,^{fr}775$$

CINQUIÈME EXEMPLE. La livre de pain coûte 21 centimes et 1/4 de centime; combien coûteront 4 livres 1/2 et 1/16 de livre.

Réponse. ¼ de centime exprimé en décimales vaut 0,0025, que l'on obtient ainsi : le quart de 0 unité est 0 ; le quart de 0 dixième est 0, le quart de 1 centième est 0 centième, il reste 1 qui vaut 10 millièmes, le quart de 10 millièmes est 2 millièmes, il reste 2 qui valent 20 dix-millièmes, le quart de 20 est 5; une demi-livre vaut 0,5 et $\frac{1}{16}$ de livre vaut 0,0625, donc $\frac{1}{2}$ livre plus $\frac{1}{16}$ valent 0,5625 : cette question sera ramenée à celle-ci : la livre de pain coûte 0,$^{\text{fr.}}$2125; combien coûtent 4$^{\text{liv.}}$ 5625 ?

Je multiplie 0,2125 par 4,5625.

$$
\begin{array}{r}
4,5625 \\
0,2125 \\
\hline
22\ 8125 \\
91\ 250 \\
456\ 25 \\
9125\ 0 \\
\hline
\end{array}
$$

Produit 0,$^{\text{fr.}}$ 9695 3125

Je sépare huit décimales au produit ,

puisqu'il y en a quatre dans chaque facteur; on a pour produit total 0,^{fr}96953125 ou 0,^{fr}97, puisque la troisième décimale est 9.

Observation. La monnaie nommé *sou* étant un vingtième de franc, et le *liard* un quatre-vingtième de franc, ces deux monnaies peuvent s'évaluer exactement en décimales.

Sixième exemple. La toise coûte 17 francs 3 *sous* 1 *liard*; combien coûteront 8 toises 5/6?

Réponse. 3 sous valent 3/20 ou 0,15 et 1 liard vaut 1/80 ou 0,0125; donc 17 francs 3 sous 1 liard est la même chose que 17,^{fr}1625. La fraction $\frac{1}{6}$ ou 5 pieds, réduite en décimales, donne 0,8666, etc.

Cette question peut se ramener à celle-ci : la toise coûte 17,^{fr}1625, combien coûteront 8,^{tois}8666, etc.

Je multiplie 17,1625 par 8,8666.

$$17,1625$$
$$8,8666$$

$$1029750$$
$$1029750$$
$$1029750$$
$$1373000$$
$$1373000$$

Produit total   15217302250

En séparant sur la droite huit chiffres décimaux , on aura pour produit total 152,^{fr} 17302250 ou 152^{fr} 17, car l'erreur des 3 millièmes est plus petit qu'un demi-centime.

SEPTIÈME EXEMPLE. Le kilogramme de tabac coûte 8 francs 15 sous 3 liards; combien aura-t-on de kilogrammes et de parties de kilogrammes avec 648 francs 13 sous.

Réponse. 15 sous ou $\frac{15}{20}$ valent 0,75 : 3 liards ou $\frac{3}{80}$ valent 0,0375, et 13 sous ou $\frac{13}{20}$ valent 0,65 : cette question peut se changer en celle-ci : le kilogramme de tabac coûte 8,^{fr} 7875; combien aura-t-on de kilogrammes avec 648^{fr} 65?

$$\begin{array}{r|l} 6486500 & 87875 \\ 335250 & \overline{73,^{\text{fr.}}815078} \\ 716250 & \\ 132500 & \\ 446250 & \\ 687500 & \\ 723750 & \\ 20750 \text{ etc.} & \end{array}$$

Pour diviser 648,65 par 8,7875, j'écris deux zéros à la droite du dividende, je supprime la virgule de part et d'autre et je divise 6486500 par 87875. On a simplifié cette division par la soustraction des produits partiels des chiffres du diviseur par chaque chiffre du quotient sans les écrire au-dessous de chaque dividende partiel.

En opérant ainsi : en 64 combien de fois 8, il ne peut y aller que 7 fois; je multiplie 87875 par 7; en soustrayant chaque produit partiel du chiffre correspondant du dividende, et ajoutant autant de dizaines qu'il en faut pour rendre la soustraction possible, en retenant ces dizaines pour les ajouter au produit du chiffre suivant du diviseur par le chiffre du quotient; je dis 7 fois 5 font 35;

35 ôté de 40, il reste 5 ; je retiens 4 en disant 7 fois 7 font 49 et 4 font 53 ; 53 de 55, il reste 2, je retiens 5 ; 7 fois 8 font 56 et 5 font 61 ; 61 de 66 il reste 5, je retiens 6 ; 7 fois 7 font 49 et 6 font 55 ; 55 de 58, il reste 3, je retiens 5 ; 7 fois 8 font 56 et 5 font 61 ; 61 de 64 il reste 3 ; j'abaisse le chiffre 0 et j'ai le second dividende partiel 335250 qui contient 87875 trois fois ; j'opère de la même manière en disant 3 fois 5 font 15 ; 15 de 20, il reste 5, je retiens 2 ; 3 fois 7 font 21 et 2 font 23 ; 23 de 25, il reste 2, je retiens 2 ; 3 fois 8 font 24 et 2 de retenu font 26 ; 26 de 32, il reste 6, je retiens 3 ; 3 fois 7 font 21 et 3 font 24 ; 24 de 25, il reste 1, je retiens 2 ; 3 fois 8 font 24 et 2 font 26 ; 26 de 32, il reste 7 ;

J'écris un zéro à la droite du reste 71625, j'ai 716250, qui divisé par 87875, donne pour quotient 8 dixièmes, et pour reste 13250, un zéro à la droite de 13250, donne 132500, qui contient 1 fois 87875 avec le reste 44625, en le multipliant de même par 10, on aura 446250, qui contiendra 87875, 5 fois et pour reste 6875 ; en plaçant un seul zéro à la droite de ce nombre on a 68750, qui ne contient pas le diviseur 87875 ; un second zéro donne 687500, qui contient 7 fois le diviseur, et le reste 72375; en continuant la même opération, on a pour sixième décimale le chiffre 8, et pour reste 20750; la décimale suivante serait 2 : le quotient ou le nombre de kilogrammes et de parties de kilogrammes que l'on peut payer avec 648 fr. 13 sous, sera de 73,$^{\text{kil.}}$815078, à raison de 8 francs 13 sous 3 liards le kilogramme.

On peut faire la preuve de cette division par la multiplication, en se proposant la question suivante : le kilogramme coûte 8,$^{\text{fr.}}$7875; combien coûteront 73$^{\text{kil.}}$815078?

$$
\begin{array}{r}
73,815078 \\
8,7875 \\
\hline
369075390 \\
516705546 \\
590520624 \\
516705546 \\
590520624 \\
\hline
648,^{\text{fr.}}6499979250
\end{array}
$$

Le chiffre des millièmes du produit total étant 9, on aura 648,$^{\text{fr.}}$65, qui est la même chose que 648 francs 13 sous.

L'instituteur pourra faire commencer toutes les divisions précédentes, en opérant
comme pour l'exemple ci-dessus.

Voici plusieurs exemples sur lesquels on
pourra exercer les enfans.

Huitième exemple. 13 toises 5 pieds 3
pouces 5 lignes ont coûté 48 francs; combien la toise?

On changera cette question en celle-ci :
13 toises $\frac{5}{6}$, $\frac{3}{72}$, $\frac{5}{864}$ ont coûté 48 francs; combien la toise?

Parce que le pied est un sixième de toise,
le pouce un soixante-douzième et la ligne un
huit cent soixante-quatrième.

Réponse. Les fractions 5/6, 3/72 , $\frac{5}{864}$
évaluées en décimales, donnent :

$$\frac{5}{6} \quad \text{égale} \quad 0{,}83333, \text{ etc.}$$
$$\frac{3}{72} \quad\quad 0{,}04166, \text{ etc.}$$
$$\frac{5}{864} \quad\quad 0{,}00579, \text{ etc.}$$

Fraction totale.   0,88078, etc.

On a mis le chiffre 9 pour la dernière déci
male de la fraction 5/864, au lieu de 8; parce
que la suivante surpasserait 5. La plus petite
division de la toise en usage étant supérieure
à un dix-millième, on s'arrêtera pour la

somme des fractions à la quatrième décimale que l'on augmentera d'une unité, et la question précédente pourra se proposer ainsi : 13$^{tois.}$8808 ont coûté 48 francs; combien la toise.

En divisant 480000 par 138808 et poussant la division jusqu'à la quatrième décimale, on aura pour le prix de la toise 3,$^{fr.}$4580 ou 3,$^{fr.}$46, puisque la troisième décimale 8 surpasse 5.

Pour faire la preuve de cette division, on proposera la question suivante :

La toise coûte 3$^{fr.}$458; combien coûteront 13$^{tois.}$8808 ?

En multipliant 13,8808 par 3,458, on aura pour produit 47$^{fr.}$9998064, ou simplement 48 francs, la troisième décimale étant 9.

NEUVIÈME EXEMPLE. 15 livres 7 onces 5 gros 18 grains ont coûté 248,$^{fr.}$75; combien la livre ?

Réponse. Il y a dans une livre 16 onces 128 gros et 9216 grains, donc chaque once est 1/16 de livre; chaque gros 1/128 et chaque grain 1/9216; on changera la question en celle-ci : 15 livres 7/16, 5/128, 18/9216 ont coûté 248,^{fr}75 ; combien la livre ?

En évaluant les fractions décimales en fractions ordinaires on a :

$$\frac{7}{16} \text{ égale } 0, 4375$$
$$\frac{5}{128} \qquad 0, 0390625$$
$$\frac{18}{9216} \qquad 0, 001953125$$

Fraction totale   0, 478515625

La plus petite fraction de la livre en usage étant supérieure à un dix-millième, on prendra pour la fraction totale 0, 4785; et on changera le neuvième exemple en cette question : 15,^{liv}4785 ont coûté 248,^{fr}75 ; combien la livre ?

En divisant 2487500 par 154785, et terminant l'opération à la quatrième décimale, on aura pour le prix de la livre 16,^{fr}0707 ou 16,^{fr}07.

Pour faire la preuve, on proposera le *problème* ou la question suivante; la livre coûte 16,^{fr}0707 ; combien coûteront 15,^{liv}4785 ?

En multipliant 16,^{fr}0707 par 15,^{liv}4785, on aura pour produit 248,^{fr}75032995 ou 248,^{fr}75.

QUATORZIÈME LEÇON.

Questions sur les règles de trois.

On nomme règles de trois les opérations de calculs dont le but est de déterminer un quatrième nombre qui a des rapports avec trois autres nombres énoncés dans la question.

1er Problème. 48 mètres ont coûté 720 francs; combien coûteront 37 mètres.

Réponse. Le quatrième nombre à déterminer est le prix de 37 mètres, connaissant le prix de 48 mètres,

On divise 720 par 48, ainsi :

$$\begin{array}{c|c} 720 & 48 \\ \hline 240 & 15 \\ 00 \end{array}$$

Le quotient 15 étant le *quarante-huitième* de 720$^{fr.}$ sera le prix d'un mètre; en multipliant 15$^{fr.}$ par 37, on aura 555 fr. pour le prix de 37 mètres.

Deuxième problème. 56 aunes $\frac{1}{4}$ de drap ont coûté, 1028,$^{fr.}$75; combien coûteront 48 aunes $\frac{2}{3}$?

3.

Réponse On peut réduire les aunes en mètres ; une aune vaut 12 décimètres ou 1,ᵐ2 un quart d'aune égale 3 décimètres; et 3/4 d'aunes valent 9 décimètres ; 1/3 d'aune vaut 4 décimètres , et 2/3 d'aunes valent 8 décimètres. 56 aunes 3/4 vaudront 56 fois 12 décimètres plus 9 décimètres ou 681 décimètres : de même 84 aunes 2/3 vaudront 84 fois 12 décimètres plus 8 décimètres ou 1016 décimètres, le problème ci-dessus peut se traduire par la question suivante; 68,ᵐ1 ont coûté 1028,ᶠʳ75 ; combien coûteront 101,ᵐ6 ?

Un mètre coûtera 1028ᶠʳ75 divisé par 68,1; en effectuant la division de 10287,5 par 681, et terminant l'opération à la cinquième décimale, on aura pour le prix du mètre 15,ᶠʳ10646 ; en multipliant ce nombre par 101,ᵐ6, on aura pour produit 1534,ᶠʳ82.

Pour faire la preuve d'une règle de trois quelconque, on peut supposer inconnu un des trois nombres donnés; dans le problème ci-dessus, on pourra prendre pour inconnu le prix des 56 aunes 3/4 ou 68,ᵐ1 et on proposera la question suivante : 101,ᵐ6 ont coûté 1534,ᶠʳ816336 ; combien coûteront 68,ᵐ1 ?

En divisant 15348,^{fr} 16336 par 1016, on aura pour le prix d'un mètre comme ci-dessus 15,^{fr} 10646 ; en multipliant ce nombre par 68, 1 on a pour produit 1028^{fr} 749926 ou 1028,^{fr} 75 qui est le prix des 56 aunes 3/4.

Troisième problème. L'aune de drap coûte 36^{fr} ; combien coûtera 1 mètre ?

Réponse. Cette question est la même que la suivante : 12 décimètres ont couté 36^{fr} ; combien coûteront 10 décimètres ?

Un décimètre coûtera 36 divisé par 12 ou 3^{fr} et 10 décimètres, ou le mètre coûtera 10 fois 3^{fr} ou 30^{fr} ?

Quatrième problème. 25 ouvriers ont fait un ouvrage en 12 jours ; combien faudra-t-il de jours à 20 ouvriers pour faire le même ouvrage ?

Réponse. Un ouvrier pour faire le même ouvrage que 25, mettra 25 fois 12 jours ou 300 jours ; mais 20 ouvriers mettront la vingtième partie du nombre de jours qu'il faut à un ouvrier ; donc en divisant 300 par 20 on aura pour quotient 15, qui est le nombre de jours qu'il faut à 20 ouvriers pour faire le même ouvrage que 25 font en 12 jours.

Cinquième problème. 100 ^{fr.} produisent 5 ^{fr.} de revenu par an, combien produiront 6800 ^{fr.}?

Réponse. Puisque 100 francs produisent 5 francs de revenu par an, un franc produira 5 centimes, donc 6800 ^{fr.} rapporteront 6800 fois 5 centimes ou 34000 centimes qui valent 340 ^{fr.}.

Sixième problème. 7875 ^{fr.} ont produit dans un an un revenu de 472,^{fr.}50 : on demande l'intérêt de 100 ^{fr.}?

Réponse. L'intérêt d'un franc sera 472,5 divisé par 7875 ou 4725/78750; car une fraction est une division dont le numérateur est le dividende et le dénominateur le diviseur (leçon 13me) : en évaluant cette fraction en décimales;

$$\begin{array}{c|c} 472,50 & 7875 \\ 472\ 50 & \overline{0,\ 06} \\ \hline 00\ 00 & \end{array}$$

On aura 0,^{fr.} 06 pour le revenu d'un franc, et par conséquent 6 ^{fr.} pour le revenu de 100 ^{fr.}

Septième problème. Un particulier a une lettre de change à 3 mois de date; le banquier l'escompte à un pour 100 par mois ; quelle somme doit-il lui remettre.

Solution. Un fr. pour 100 fr. par mois est la même chose que 3^{fr} pour 100 fr. par trois mois ; donc le banquier retient 3 fr. pour chaque 100 fr. par conséquent il retiendraa utant de fois 3 fr. qu'il y a de fois 100 fr. dans 7200 fr. or 7200 fr. contiennent 72 fois 100 francs : la somme que le banquier retiendra sera 72 fois 3 fr. *égale* 216 francs : en retranchant 216 fr. de 7200 francs, on aura 7200 *moins* 216 *égale* 6984 francs, pour la somme que le banquier remettra au possesseur de la lettre de change.

Observation. Cette règle, ou toute autre semblable, se nomme règle d'escompte : on obtient l'escompte d'une somme en divisant cette somme par 100 et multipliant le quotient par le taux de l'escompte pour 100 fr.

Voici plusieurs exemples sur lesquels l'instituteur pourra exercer les enfans.

Huitième problème. 100^{fr} donne 7 fr. $\frac{1}{2}$ ou 7,^{fr} 5 de revenu : combien donneront 7200 o^{fr} ?

Réponse. 5400^{fr}

Neuvième problème. On a donné au bout

d'un an 77400^{fr.} pour s'acquitter d'un billet de 72000^{fr.} ; on demande le revenu de 100^{fr.}.

Réponse. 7,^{fr.}5.

DIXIÈME PROBLÈME. 48,^{kilog.}325 ont coûté 1648,^{fr.}25 : combien coûteront 59,^{kilog.}64.

Réponse. 2034,^{fr.}18.

NOTA. Messieurs les instituteurs sont priés de faire attention que ce n'est point une arithmétique raisonnée, mais un Traité de Calcul pour exercer les enfans avant de les faire passer à l'arithmétique théorique, qui fera partie de la seconde section.

FIN.

www.ingramcontent.com/pod-product-compliance
Lightning Source LLC
LaVergne TN
LVHW021743170726
843503LV00004B/1707